KATHRIN
HARTMANN

MEIN GRÜNER HUND

KATHRIN
HARTMANN

MEIN GRÜNER HUND

Plädoyer für
ein faires Leben
mit unseren
Vierbeinern

BLESSING

Sollte diese Publikation Links auf Webseiten Dritter enthalten, so übernehmen wir für deren Inhalte keine Haftung, da wir uns diese nicht zu eigen machen, sondern lediglich auf deren Stand zum Zeitpunkt der Erstveröffentlichung verweisen.

MIX
Papier aus verantwortungsvollen Quellen
FSC® C083411

Klimaneutral* Druckprodukt
ClimatePartner.com/14044-1912-1002

Penguin Random House Verlagsgruppe FSC® N001967

1. Auflage, 2022

in der Penguin Random House Verlagsgruppe GmbH,
Neumarkter Str. 28, 81673 München
Umschlaggestaltung: DAS ILLUSTRAT, München
Layout und Herstellung: Ursula Maenner
Fotos: Oliver Nagel
Satz: Leingärtner, Nabburg
Druck und Einband: CPI Books GmbH, Leck
Printed in Germany
ISBN 978-3-89667-733-4

www.blessing-verlag.de

Für Toni.

Und für all seine Brüder und Schwestern dieser Welt,
die ein gutes Leben so sehr verdient haben.

Inhalt

»Inside all of us is hope, fear and adventure. Inside all of us is a wild thing.«

Maurice Sendak, »Where The Wild Things Are«

VORWORT

Auf den Hund gekommen

Mein Lebenstraum liegt unter meinem Schreibtisch und schnarcht. Sein warmer Kopf ruht auf meinem rechten Fuß, gegen den linken pocht das kleine Herz unter schwarzem Fell. Meine Wangen kribbeln von der Novemberkälte draußen, noch immer habe ich den Geruch von Erde und Herbstlaub in der Nase. Was auch daran liegt, dass auf dem Boden meines Arbeitszimmers braune Blätter verstreut liegen. Ich muss an mein Lieblingskinderbuch denken, Maurice Sendaks *Wo die wilden Kerle wohnen*: Da stand Max im Wolfskostüm in seinem Zimmer, in dem langsam ein Wald heranwuchs, »bis die Decke voll Laub hing und die Wände so weit wie die ganze Welt waren«. So fühle ich mich gerade, denn eben noch sind wir zwei durch die nebligen Auen die Isar entlanggerannt, über Baumstämme und Wassergräben gehüpft und durch raschelndes Laub gestoben wie unbeschwerte Kinder. Dabei bin ich 49 Jahre alt. Aber gute 40 davon habe ich gebraucht, um mir diesen Traum zu erfüllen. Einen Hund. Mit Toni sind wir jetzt ein Rudel, endlich.

Ich bin auf dem Land groß geworden, in einem kleinen bayerischen Bilderbuchdorf. Wenn man sich diesem nähert und irgendwann der Zwiebelturm der Barockkirche vor den bewaldeten Hügeln auftaucht, sieht es so aus, als wäre man am Ende der Welt angekommen. Das dachte ich als Kind, und manchmal geht mir das noch heute so. Aber natürlich hat auch dieses Dorf einen deprimierenden Niedergang erlebt, der entweder nüchtern »Strukturwandel« oder, etwas romantisierend, »Höfesterben« genannt wird. Als ich in den Siebziger- und Achtzigerjahren dort aufwuchs, staksten auf ungeteerten Wegen Hühner und Enten. Sommergrüne Weizenfelder, gepunktet von Mohn- und Kornblumen, wogten im Wind, über den Äckern kreisten Feldlerchen, auf den Wiesen standen Kühe. Im Wald neben unserem Haus hörte ich nachts die Füchse bellen – und manchmal verirrte sich ein Reh in unseren Garten und teilte sich die Salatköpfe im Gemüsebeet mit den Schnecken.

Heute rattern hausgroße Landmaschinen über Asphaltstraßen, auf den Feldern wächst Energiemais, die kleinen Höfe sind zusammen mit den Kühen verschwunden. Am Ende des Dorfs steht eine Mastanlage, die nicht erkennen lässt, welche Tiere darin ihr kurzes Leben fristen. Und auf den weiten Wiesen wachsen statt Butterblumen und Kuckucksnelken nun Neubaugebiete und Schuldenberge.

Natürlich war auch das Dorf meiner Kindheit kein Bullerbü – erst recht nicht im Umgang mit Tieren. Ich habe düstere Erinnerungen an die Grausamkeiten gegen sie: Das Glück, das neugeborene Kälbchen im Stall besuchen oder mit den Katzenbabys spielen zu dürfen, steht da gegen das Entsetzen, wenn dieses Kalb schließlich zum Schlachter geführt und die unerwünschten Katzenkinder im Bach ertränkt worden waren. Und vor den Hofhunden, die sich bedrohlich in ihre Ketten warfen und bellten, wenn ich vorbeilief, hatte ich ziemlich Angst. Heute weiß ich, dass sie vor Einsamkeit und Langeweile wohl halb wahnsinnig waren.

Zwei Situationen habe ich bis heute nicht vergessen. Beide haben viel damit zu tun, warum ich mir mein Leben lang einen

Hund gewünscht habe – und doch so lange zögerte, mir diesen Wunsch zu erfüllen. Einmal sah ich aus dem Schulbusfenster, wie im Nachbardorf Männer ein Schwein aus dem Stall auf den Hof zerrten. Das Schwein sträubte sich mit aller Kraft, es schrie markerschütternd. Als ich aus der Schule zurückkam, stand in der Mitte des Hofs eine Lache Blut. Wenn man mich heute fragt, warum ich keine Tiere esse, dann habe ich sofort dieses Bild vor Augen. Tatsächlich wurde ich kurz darauf Vegetarierin. Jedenfalls probehalber. Ein anderes Mal hatte die Hündin des Bauernhofs, auf dem ich oft mit den Kindern spielte, Junge bekommen. Ich besuchte die Welpen jeden Tag und wollte unbedingt einen haben. Meine Eltern ließen sich aber nicht überreden. Schon gar nicht zu einem Hund, der womöglich so riesig werden würde wie dessen Mutter (Format Irischer Wolfshund), verständlicherweise. Eines Tages waren die Hundebabys verschwunden. Der Bauer hatte sie allesamt totgeschlagen, wahrscheinlich mit dem Kopf gegen die Stallwand, sie waren ihm lästig gewesen. Ich habe tagelang geheult.

Trotz dieser Abgründe habe ich große Sehnsucht nach dem Land. Ich habe zwar mehr Zeit meines Lebens in Großstädten verbracht und genieße dieses Leben. Aber mir fehlt die Nähe zur Natur, die Nähe zu Tieren. Ich habe mir immer gewünscht, mit Tieren zu leben. Deshalb habe ich meinen Hundewunsch auch nie aufgegeben.

Warum ausgerechnet ein Hund? Weil Hunde, anders als Kaninchen, Hamster, Wellensittiche oder Meerschweinchen, die einzigen Tiere sind, die mit Menschen zusammenleben *wollen*. Katzen suchen zwar auch unsere Nähe, aber nicht so bedingungslos wie Hunde. Katzen kamen für mich nie infrage, schon weil ich allergisch gegen sie bin. Katzen sind aber ohnehin nicht so mein Fall. Viele ihrer Fans bewundern sie ausgerechnet für Eigenschaften, die bei Menschen niemand mag, nämlich dafür, ignorant, egozentrisch, launisch und unzuverlässig zu sein. Die FDP der Tierwelt quasi, Liberalismus pur. Und ja: Seit zwei Katzen aus der Nachbarschaft den Garten meiner Mutter privatisiert haben (»Revier«), ist dort sofort die Vielfalt verschwunden und das Gemeinwesen zum Erliegen gekommen. Die Eichhörnchen haben das Weite gesucht, auf der Terrasse tritt man in Mäusemus, auf tote Maulwürfe und geköpfte Eidechsen, und die Vögel sind aus dem Kirschbaum geflohen. Wahrscheinlich konnten sie sich das Leben dort nicht mehr leisten.

Hunde dagegen sind für mich wie Genossen: solidarisch, loyal, hilfsbereit und mit einem ausgeprägten Sinn für Gerechtigkeit. Irgendwie links halt. Stereotype beiseite: Ich liebe Hunde vor allem, weil man mit ihnen, im Gegensatz zu Katzen, zusammen so viel unternehmen und sogar gemeinsame Hobbys haben kann. Vor allem aber fasziniert es mich, mit einer anderen Spezies kommunizieren zu können und eine enge Bindung einzugehen. Wenn ich Zeit mit Toni verbringe, wenn wir zusammen spielen, im Wasser planschen oder Tricks üben, vergesse ich mittlerweile fast schon, dass er ein Hund ist (und ich erwachsen bin). Denn er ist mein Freund. Dafür ist der Hund im Wortsinne gemacht: Ohne Menschen gäbe es keine Hunde. Sie sind uns in ihrem Wesen und in ihren Gefühlen ähnlicher als jedes andere Tier. Schließlich sind Hunde und Menschen seit mehr als 35 000 Jahren Partner.

Für Kurt Kotrschal, den ich für die Arbeit an diesem Buch getroffen habe, ist die Sehnsucht nach einem Hund auch aus anderen Gründen ganz logisch. Warum, das beschreibt der österreichische Biologe und Verhaltensforscher, der seit vielen Jahren die Beziehung zwischen Menschen, Wölfen und Hunden untersucht, in seinem Buch *Hund&Mensch. Das Geheimnis unserer Seelenverwandtschaft*: Im »tiefen und dringenden Wunsch nach einem Hund« könne man einen »lebenserhaltenden Instinkt« erkennen, »der in der menschlichen Liebe zur Natur wurzelt«.[1] Viele Menschen, die einen Hund haben, beschreiben das auch so: »Mein Hund ist mein Tor zur Natur.« Das geht mir ganz genauso. Tatsächlich haben wir unseren letzten Urlaub danach geplant, was Toni gefallen könnte. Wir entschieden uns für das kroatische Hinterland zwischen Zagreb und den Plitvicer Seen. Zwei Wochen lang schwammen wir drei in Flüssen, schlenderten über Wiesen und streiften über Hügel und Berge und durch Wälder. Dieses besondere Gefühl von Freiheit, das ich nur in der Natur kenne, habe ich mit Toni noch stärker gespürt und mich ihm noch näher gefühlt. Das klingt womöglich recht emotional, aber: Mich darauf einzulassen, die Natur durch seine Augen wahrzunehmen, seiner Neugier zu folgen, das finde ich wahnsinnig bereichernd. Wie er aufgeregt durch frisch gefallenen Schnee tobt, wie er durch hohes Gras hüpft wie ein Reh, in die Isar springt und die Berge hinaufrennt – die Selbstverständlichkeit, mit der er sich in der Natur bewegt, seine Ausgelassenheit und Fröhlichkeit, die er dabei zeigt, sind einfach ansteckend. Deshalb hat Toni meinen dringenden Wunsch nach einer anderen, besseren Welt sogar noch befeuert.

Vielen Menschen geht es ja so, dass sie erst, wenn sie Kinder bekommen, feststellen, in welch dramatischem Zustand sich unser Planet befindet. So ist das bei mir nicht. Das weiß ich schon lange. Außerdem werde ich, wenn es mit rechten Dingen zugeht, meinen Hund überleben (auch wenn mir schon der Gedanke daran die Kehle zuschnürt). Es geht nicht um seine Zukunft auf einer ruinierten Erde, sondern um unser aller Gegenwart. Hunde sind weniger gestern und morgen als heute, sie sind jetzt, jetzt, jetzt.

So wie alles, was lebt – und unmittelbar von der Auslöschung betroffen ist: Nur noch drei Prozent der globalen Ökosysteme sind intakt.[2] Seit 1970 sind fast drei Viertel der Säugetiere, Vögel, Fische, Amphibien und Reptilien verschwunden. Von den heute bekannten acht Millionen Tier- und Pflanzenarten, die die Erde bevölkern, ist eine Million vom Aussterben bedroht.[3] Einige dieser Arten werden bereits in den kommenden Jahrzehnten verschwunden sein, wenn wir nicht *jetzt* etwas dagegen tun. All das verdeutlicht mir Toni jeden Tag mit seiner ganzen unmittelbaren Lebendigkeit. Und wie er hätte auch ich es gerne *jetzt* schön. Mir geht es, wenn ich mit ihm unterwegs bin, oft eher so wie damals, als ich zum ersten Mal in Indonesien recherchierte: Ich wusste schon vorher, was der Palmölboom dort anrichtet. Aber das überwältigende Ausmaß der Zerstörung, die Gewalt gegen Natur und Menschen – all das hat mich erst dann so tief entsetzt, als ich zwischen endlosen Monokulturen und abgeholzten und abgefackelten Wäldern stand. So lässt mich das Leben mit einer anderen Spezies noch mehr spüren, dass wir alle uns denselben Planeten teilen. Dass Natur kein »Außen« ist, kein »Nice-to-Have«, kein Unterhaltungsprogramm, das uns in der Freizeit als Abenteuer oder Erholung dient. Sondern das »Netz des Lebens«, zu dem wir gehören. So beschreiben es Raj Patel und Jason W. Moore in ihrem Buch *Entwertung*.[4]

Ich erinnere mich an eine atemberaubend schöne Bergtour, die wir drei in Südtirol zu einem See auf 2200 Höhenmetern unternommen haben. Der Steig führte durch einen Bergwald, daneben mäanderte ein Bach durch sattgrünes Moos; von Fichten und Lärchen wehten Flechten. Mein Blick folgte Toni, der von Fels zu Fels, durch das Moos, zwischen den Baumstämmen hin und her und immer wieder begeistert in den Bach sprang, und so entdeckte ich mehr und mehr Details dieses märchenhaft schönen Fleckchens Erde. Schließlich lichteten sich die Bäume und gaben den Blick auf die Ortlergruppe und ihre imposanten Gletscher frei. Ich weiß noch, dass ich sagte: »Schaut sie euch gut an, die werden bald verschwunden sein«, und dass ich kurz über meinen Sarkasmus erschrak, der der Schönheit dieses Augenblicks gar nicht angemessen war – und noch mehr darüber, dass ich in diesem Moment dasselbe fühlte wie auf den Aschefeldern abgefackelter Regenwälder in Indonesien: einen tiefen, stechenden Schmerz.

Heute weiß ich, dass es für dieses Gefühl von Verlust, Angst und Hilflosigkeit angesichts der Zerstörung des Planeten sogar einen psychologischen Begriff gibt: ökologische Trauer. Und die spüre ich umso mehr, je näher mich Toni wieder zur Natur zurückführt. Er ist mein Verstärker. Erst kürzlich hatten wir wieder so ein Erlebnis: Ich wollte einen der letzten warmen Herbsttage für eine Wanderung mit ihm nutzen. Also schnappte ich mir Toni und setzte mich in die S-Bahn zum Ausgangspunkt der Tour, einer kleinen Stadt nordwestlich von München. Erst ging ich durch den Ort. Dann durch ein nicht enden wollendes Neubaugebiet. Entlang an und schließlich auf einer großen Straße ohne Gehweg am Rande von Mais-Monokulturen. Über eine

Brücke, darunter eine dröhnende Autobahn, und durch eine Unterführung, oben die Bundesstraße. Vorbei an Müllverbrennungsanlage und Klärwerk, Autobahnkreuz und Gewerbegebiet. Anderthalb deprimierende Stunden dauerte es, bis wir endlich dort ankamen, wo wir hinwollten: in der Natur. Genau eine halbe Stunde gingen wir durch das Idyll, an Fluss und Auen entlang. Dann wiederholte sich die oben beschriebene Szenerie am nächsten Ortseingang: Neubauten, Gewerbegebiet, ausufernder Asphalt.

Bayern, das ist halt nicht nur die Idylle aus Bergen, Seen, Mooren, saftigen Wiesen, ursprünglichen Wäldern und hübschen Dörfern mit traditioneller Bauernkultur, sondern eben auch eine zersiedelte, zubetonierte, durch Umgehungsstraßen, Autobahnen und Gewerbegebiete verschandelte Landschaft. Natürlich wusste ich das auch schon lange. Aber noch nie habe ich das so intensiv erlebt wie in diesem Moment, als ich vor mich hin schimpfend dieser Wege ging und der arme Toni mir durch Straßendreck und über Maisstoppel folgte, während die Autos an uns vorbeibrausten.

Apropos Autos: Dass die unsere Städte verstopfen, finde ich noch viel unerträglicher, seit ich für ein Wesen verantwortlich bin, das, Schnauze auf Auspuffhöhe, Abgasen und Feinstaub noch stärker ausgeliefert ist und den Krach mindestens so sehr hasst wie ich. Als Toni noch Welpe war, hat es eine ganze Weile gedauert, bis er stubenrein wurde. Er wollte einfach nicht raus. Das begriff ich an einem frühen Sommermorgen unter der Woche. Ich stand völlig übermüdet am nächsten erreichbaren Stückchen Grün, das wir den »Kackstreifen« nennen: eine kurze, einseitig baumbestandene Straße zwischen Autohaus und Hotels. Zwischen den Bäumen liegen oft Müll,

Scherben, Hundehaufen und Zigarettenkippen, der Gehweg ist von Lieferwagen zugeparkt, auf der zu engen Straße stehen sich hupend SUVs gegenüber, die einander nicht ausweichen wollen (wozu kauft man sich schließlich sonst so einen Großstadtpanzer?), und auf den Hof des Autohändlers biegt jeden Tag scheppernd und krachend der Sattelzug ein, voll beladen mit neuen Monstern aus Blech. Zu meinen Füßen saß also mein kleines Fellbündel und schaute mich aus großen ängstlichen Augen an – und ich verfluchte den Autowahnsinn mehr denn je. Vor allem die Tatsache, dass die meisten Leute diese Zumutung akzeptieren und es ganz offenbar als normal empfinden, dass sich diese Stadt und das Leben darin den Autos unterordnen soll. Kürzlich habe ich bei der Morgenrunde mit Toni auf diesen 350 Metern die parkenden Autos gezählt – es waren mehr als zweihundert. Transporter, die die Gehwege blockieren, sodass wir auf die Straße ausweichen müssen, gar nicht eingerechnet. Was für ein Irrsinn. Ich glaube, dass eine Stadt, die nach den Bedürfnissen von Hunden eingerichtet ist, für uns alle besser wäre. Sie wäre sehr viel grüner, sicherer, entspannter und hätte mehr Platz für alle. Nur nicht mehr für Autos.

»Ein bewusstes Leben mit Hund kann den zum nachhaltigen Überdauern der Menschheit so dringend benötigten Mentalitätswechsel unterstützen«, schreibt Kotrschal, »den Wechsel von den (scheinbaren) Beherrschenden der Erde zurück zu der Sichtweise, bescheidene Gäste auf diesem Planeten zu sein. Eine von vielen Spezies, die alle das gleiche Recht auf Überleben haben.«[5]

Das glaube ich auch. Andererseits gibt es genau da ein großes Problem: Hunde essen andere Spezies – und zwar sogenannte »Nutztiere«, deren Leben und Sterben für Teller und Napf von unerträglichem Elend, Schmerz und Qual bestimmt sind. Das war für mich all die Jahre der wichtigste Grund, keinen Hund zu haben. Ein geliebtes Tier mit ungeliebten misshandelten und getöteten Tieren füttern? Eine absurde Vorstellung! Ich habe noch nie verstanden, wie man Hunde und Katzen als Freunde betrachten, das Herz aber vor dem Elend der Schweine, Hühner, Enten, Puten und Kühe verschließen kann. Mir geht es, seit wir den Hund haben, exakt andersherum: Ich sehe in jedem Tier Toni. Im Orang-Utan und im Koalabären, die vor den Flammen ihres brennenden Regenwaldes fliehen. Im Schwein, das sich im Massenstall nicht um die eigene Achse drehen kann. Im Marderhund, dem für den Pelzkragen am Mantel das Fell lebendig abgezogen wird. Im Pottwal, der verhungert, weil die Meere sterben. Im Huhn, das am Schlachtband bei vollem Bewusstsein zerstückelt wird.

»Worüber mehr gesprochen werden muss, ist die inmitten der Gesellschaft stattfindende, industriell organisierte Ausnutzung und Tötung von unzähligen empfindsamen, intelligenten und sozialen Lebewesen, getragen und verantwortet von einer erdrückenden Mehrheit der Menschen«, schreibt der Sozialwissenschaftler und Ethiker Thilo Hagendorff in seinem Buch *Was sich am Fleisch entscheidet*. »Die Unfähigkeit, sich davon loszusagen, ja überhaupt nur die Schlechtigkeit des dahinter liegenden Systems zu erkennen, leitet oftmals über in die Unfähigkeit, gegen Diskriminierung aufzukommen, gegen Hetze, Hass und Gewalt sowie gegen die Vernichtung dessen, was die eigenen Lebensgrundlagen der Menschen ausmacht.«[6]

Denn jenseits des Tierleids hat der Fleischkonsum ja eine noch viel größere Dimension, und die betrifft uns alle: Er zerstört unsere Lebensgrundlagen. Die weltweit wachsende Fleischproduktion ist einer der größten Treiber für die Vernichtung von Wäldern und Ökosystemen. Ein Drittel aller Feldfrüchte weltweit landet in den Mägen von Nutztieren – allein eine Milliarde Tonnen Soja und Mais jährlich. Das heizt nicht nur den Klimawandel dramatisch an, sondern auch das Artensterben und damit die Verbreitung von Pandemien wie Covid-19. Und der Klimawandel führt zu schweren Menschenrechtsverletzungen: Landraub, Vertreibung, Elend und Hunger sowie die Ermordung von Indigenen und Aktivistinnen sind untrennbar damit verbunden. In Brasilien steht der Amazonas-Regenwald bereits vor dem Kollaps. Seit der Faschist Jair Bolsonaro in Brasilien an der Macht ist, brennt der größte CO_2-Speicher der Welt in nie gekanntem Ausmaß. Zu denen, die illegal abholzten und Feuer legten, gehörten auch Rinderzüchter und ihre Schergen. Allein in Brasilien wurden in den vergangenen 25 Jahren mehr als 1500 Indigene in Landkonflikten umgebracht.[7] Die meisten davon im Bundesstaat Mato Grosso do Sul. Dort, wo sich Rinderweiden und Futtersoja-Felder aneinanderreihen, haben Werner Boote und ich 2016 für unseren Film *Die Grüne Lüge* gedreht.[8] Ich werde nie die trostlose Ödnis und das Leid der Menschen dort vergessen. Und auch nicht die Zustände in Indonesien, wo ich wochenlang das Desaster des Palmölanbaus verfolgte (das Öl landet nämlich ebenfalls in der Fleischindustrie – zum Beispiel als Futterzusatz in der Schweinemast).[9]

Davon möchte ich kein Teil sein. Nach meinen Recherchereisen dorthin erschien es mir erst recht unmöglich, jemals einen Hund zu haben. Und trotzdem haben wir jetzt Toni. Warum? Weil Toni Vegetarier ist. Hunde können problemlos vegetarisch und vermutlich sogar vegan ernährt werden, auf alle Fälle aber mit sehr viel weniger Fleisch, als die Tierfutterindustrie glauben macht. Denn: Der Wolf wurde zum Hund, indem er sich an die Ernährung des Menschen angepasst hat und deshalb Pflanzen verdauen kann. Ich finde, dass das zu seinen allerbesten Eigenschaften gehört. Sowieso für mich persönlich, weil mir das erst einen Hund ermöglicht hat. Aber auch für uns alle. Weil Hunde jede Menge Fleisch fressen, haben sie einen entsprechend großen ökologischen Pfotenabdruck. Den hat Gregory Okin von der University of California in Los Angeles berechnet. Er hat herausgefunden, dass 163 Millionen Hunde und Katzen in den USA jährlich so viele Kalorien wie die gesamte Bevölkerung Frankreichs konsumieren. Hätten alle US-Hunde und -Katzen ein eigenes Land, wäre dies – nach Russland, Brasilien, den USA und China – der fünftgrößte Fleischkonsument der Welt. Hunde- und Katzenfutter sind laut Okin für 64 Millionen Tonnen CO_2 verantwortlich.[10] Dies entspricht dem jährlichen CO_2-Ausstoß von mehr als dreizehn Millionen Autos. Und das nur in den USA! Die TU Berlin hat ebenfalls die Klimabilanz von Hunden ausgerechnet und kommt zu dem Ergebnis, dass ein 15 Kilo schwerer Hund Umwelt und Klima mit seinem Fleischverzehr über dreizehn Lebensjahre so sehr schadet wie die Produktion eines Mittelklasse-Mercedes oder dreizehn Flüge von Berlin nach Barcelona.[11] Bei mehr als zehn Millionen Hunden allein in Deutschland – Tendenz steigend – kommt da also ganz schön was zusammen.

Kann das die Gesellschaft, können wir Hundehalterinnen und -halter all das wirklich ausblenden? Auf keinen Fall! Aber was wäre die Konsequenz? Sollte man etwa das Halten von Hunden aus Gründen des Klimaschutzes verbieten?

Hunde sind ja nicht mit Billigflügen oder SUVs vergleichbar, sondern Lebewesen. Für eine wachsende Zahl von Menschen, besonders einsamen älteren, sind Hunde wichtige Sozialpartner. Von Hunden, die Menschen aus Lawinen, eingestürzten Häusern oder Gewässern retten, die Krebs erkennen und ihre Herrchen und Frauchen vor einem diabetischen Schock warnen, die als Therapiehunde traumatisierten oder suchtkranken Menschen helfen, einmal ganz zu schweigen.

Wie also kann ein bewusstes Leben mit Hund aussehen, das den Planeten zu bewahren helfen würde? Wie schaffen wir es, unsere Liebe und Empathie zum Hund auf die Welt zu übertragen? Welchen Platz räumen wir einem Wesen in unserer Gesellschaft ein, das nach neuesten biologischen Erkenntnissen mit uns seelenverwandt ist, und wie kann das unser Mensch-Tier-Verhältnis verbessern? Was können wir von Hunden für ein gutes soziales und solidarisches Miteinander lernen? Mit anderen Worten: Wie geht Weltrettung mit Hund?

I. THE WURST IS OVER[12]

Von Karnismus, Speziesismus und fleischlosen Näpfen

Tonis Kopf ist tief in der roten Rührschüssel versunken. Immer, wenn ich ihm darin sein Essen zubereitet habe, liebt er es, sie anschließend sauber schlabbern zu dürfen. Heute gibt es Süßkartoffeln mit Kichererbsen, Hüttenkäse, Zucchini und Fenchel. So wie er schmatzt, schmeckt ihm das ausgezeichnet. Wie neulich die Buchweizenflocken mit Linsen, Mangold, Rote Bete und Räuchertofu, die Spaghetti mit Soja-Bolognese oder der Kartoffel-Wurzelgemüse-Stampf mit Leinöl, Quark und Erbsen. Toni, unser Zwergschnauzer, ist Vegetarier. So wie ich seit mehr als 30 Jahren. Mindestens ebenso lange glaubte ich, dass ich deshalb keinen Hund haben könnte. Schließlich würde ich ihn mit toten Tieren füttern müssen. Das aber war für mich schlicht unvorstellbar.

»Seinen Hund vegetarisch mit Milchprodukten und Eiern zu ernähren, ist nachweisbar unproblematisch.« Dieser Satz des Ulmer Tierarztes und Bloggers Ralph Rückert änderte alles. Er stand in einem Artikel zur Hundeernährung.[13] Darin stieß ich auch auf Julia Fritz. Sie ist Fachtierärztin für Ernährung und hat vor zehn Jahren die Ernährungsberatung »Napfcheck« gegründet. In diesem Zusammenhang erstellt sie auch Rationen für vegetarische und vegane Hundeernährung. Sie sagt: »Hunde sind von der Verdauungsphysiologie sehr ähnlich wie der Mensch.

Theoretisch kann man sie mit allem ernähren. Milchprodukte sind sehr hochwertig, da besteht eigentlich kein Unterschied zu Fleisch.« Dem Hund stand nun wirklich nichts mehr im Weg, und als Toni kam, habe ich gleich einen Beratungstermin dort ausgemacht. »Kochen Sie gern? Was kochen Sie denn so?«, fragte die Tierärztin. Die Zubereitung soll unkompliziert in den Alltag integriert werden können. Als ich den Rationsplan sah, war ich überrascht, *wie* unkompliziert. Seine Essen besteht aus Haferflocken oder Kartoffeln, dazu Gemüse, Hüttenkäse, Hülsenfrüchte, Öle und Ergänzungspulver (das muss übrigens auch Fleischrationen zugesetzt werden). Zweimal die Woche koche ich also auf Vorrat. Zutaten wiegen, Gemüse schnippeln und kochen und alles zusammenrühren, das geht fast so schnell wie Nudeln kochen. Es freut mich riesig, dass es Toni gut schmeckt. Und ich liebe es, mir neue Gerichte für ihn auszudenken.

»Wer Hunde mit dieser Veganplörre füttert, sollte angezeigt werden. Krank, so was.«

»Da muss man den Dummen dann auch noch beibringen, wovon sich Hunde ernähren. Bei Nichteinhaltung drakonische Strafe und Tier wegnehmen.«

»Kauft euch doch ein Kaninchen. Sind auch niedlich. Oder besser noch ein Stofftier.«

Solche Kommentare finden sich verlässlich unter jedem Artikel über vegane oder vegetarische Ernährung von Hunden oder in Online-Foren. Die weniger hasstriefenden behaupten, eine Hundeernährung ohne Fleisch sei nicht artgerecht, schließlich stamme der Hund vom Wolf ab. »Der Wolf geht nicht ins Getreidefeld.« Auch so ein Spruch. Oder: Man mache damit die Tiere zum Opfer von Ideologien. Solche Überzeugungen erfreuen sich fast immer großer Zustimmung. Und offen gestanden hatte ich ja auch mal so gedacht: dass Hunde nun mal Fleischfresser sind. Und es unfair wäre, es ihnen vorzuenthalten. Aber das ist Quatsch.

Gleich vorneweg: Eine fleischlose Hundeernährung verstößt nicht gegen das Tierschutzgesetz. Dieses schreibt vor, dass Tiere ihrer Art und ihren Bedürfnissen angemessen ernährt, gepflegt und untergebracht werden müssen. Hunde müssen also so gefüttert werden, dass sie alle wichtigen Nährstoffe bekommen. Dafür brauchen sie nicht zwingend Fleisch – sondern das, was darin steckt. Denn anders als Wölfe haben sich Hunde genetisch so an die Ernährung des Menschen angepasst, dass sie pflanzliche Stärke verdauen und Nährstoffe daraus ziehen können. Schwedische Forscher[14] gehen davon aus, dass Hunde zumindest in den letzten zwölftausend Jahren mit wachsender Nähe zum Menschen einen relativ hohen Anteil an pflanzlicher Kost zu sich nahmen. Es ist wissenschaftlich belegt, dass Hunde Stärke um ein Vielfaches besser verdauen können als Wölfe. »Denn beim Hund wurden dreißig Kopien des Gens entdeckt, das die Aufspaltung von Stärke im Verdauungstrakt beginnen lässt, während Wölfe dagegen nur über zwei dieser Gene verfügen.«[15] Evolutionsbiologisch gesehen macht also nicht das Fleisch den Hund zum Hund, sondern Brot und Gemüse. Von seiner Art her ist der Hund zwar ein Fleischfresser, doch er hat den Stoffwechsel und die Verdauung eines Allesfressers. Ernährungsphysiologisch ist er uns Menschen näher als dem Wolf.

Das Argument, man dürfe Hunden nicht den eigenen Lebensstil aufzwingen, klingt erst einmal vernünftig. Doch in Wahrheit ist es scheinheilig. Denn wir drängen *allen* Tieren *ständig* unseren Lebensstil auf. Den sogenannten Nutztieren, die für Fleisch, Milch, Eier und Mode ausgebeutet, verstümmelt, misshandelt und umgebracht werden. Den Wildtieren, deren Lebensräume für Straßen, Siedlungen, Bergbau und industrielle Monokulturen zerstört werden. Aber auch den Haustieren. Gerade Hunde sollen sich von früh bis spät an ihre Menschen anpassen: Manche sitzen den ganzen Tag allein zu Hause oder unbeachtet im Büro, einige werden in der Handtasche herumgeschleppt oder nur an der Leine herumgezerrt. Wieder andere sind im Zwinger eingesperrt oder liegen noch immer an der Kette im Hof.[16] Viele Rassen sind, weil es den Menschen gefällt, so krank gezüchtet, dass sie gar kein Hundeleben führen können und ihr Leben lang leiden. Etliche Hundehalterinnen und Trainer meinen noch immer, sie müssten sich Hunde mit Angst und Gewalt gefügig machen. Viele Hunde, die zwar täglich Fleisch bekommen, werden ansonsten also ganz und gar nicht artgerecht gehalten. Überhaupt: Warum soll »artgerecht« nur für den Hund gelten, nicht aber für die Tiere, die als Futter in seinem Napf landen? Diese stammen ja schließlich auch ursprünglich aus der Natur und haben elementare körperliche und seelische Bedürfnisse – doch dass ihnen diese systematisch verwehrt werden, ist gesellschaftlich weitgehend akzeptiert. Und warum eigentlich wird Veganismus und Vegetarismus in diesem Zusammenhang als »Ideologie« verunglimpft, nicht aber der Karnismus, der fühlende, intelligente und soziale Lebewesen zu Waren degradiert und für Wurst und Schnitzel ein unvorstellbares Ausmaß an Gewalt und Schmerz in Kauf nimmt?

Mit diesen Widersprüchen beschäftigt sich auch Friederike Schmitz. Sie ist Philosophin mit dem Schwerpunkt Tierethik und setzt sich für das Ende der Tierindustrie ein. »Es könnte sein, dass viele Hunde, vor die Wahl gestellt, ein Futter mit Fleisch vorziehen würden«, sagt sie. »Aber wie schlimm ist es, in diesem Punkt dem Hund nur eingeschränkte Wahlmöglichkeiten zu gewähren?« Schließlich würde der Hund doch auch sonst in allen Aspekten seines Lebens vom Menschen fremdbestimmt. Exakt so sehe ich das auch: Wir versuchen, Toni das beste Hundeleben zu bereiten und seine Bedürfnisse, so weit es möglich ist, zu erfüllen. Er läuft, so oft es möglich ist, ohne Leine. Er darf im Park nach Herzenslust rennen, schnüffeln und mit anderen Hunden spielen. Wir nehmen uns viel Zeit, um schöne Dinge draußen zu unternehmen und mit ihm Tricks und Nasenarbeit zu üben, weil er das liebt. Und selbstredend erfährt er keine Gewalt. Aber in diesem einen Punkt entscheiden wir nicht alleine in seinem, sondern im Sinne aller Tiere. »Aus meiner Sicht ist die Tatsache, dass der Hund sich für Fleisch entscheiden würde, zwar ein Grund für eine fleischhaltige Fütterung. Aber es gibt eben Gründe, die dagegen sprechen: Wenn wir fleischhaltiges Futter kaufen, unterstützen wir damit eine gewaltvolle Industrie, die anderen Tieren schreckliches Leid zufügt«, sagt Schmitz.[17]

Leid ohne Ende

2020 wurden allein in deutschen Schlachthöfen mehr Tiere getötet, als Menschen in ganz Europa leben: 759 Millionen. Darunter mehr als 600 Millionen Hühner, 53 Millionen Schweine, 35 Millionen Puten und 15 Millionen Rinder, Schafe, Gänse und Enten.[18] Die meisten davon haben keinen Tag ihres kurzen Lebens ohne Schmerzen, Krankheit, Verletzungen, Kummer, Angst und Stress verbracht. Sie wurden als Krüppel geboren, weil ihre Körper bedingungslos dem Diktat der Ökonomie und der kurzfristigen Gewinnmaximierung unterworfen sind: Fast alle sogenannten Nutztiere sind Qualzuchten, die in möglichst kurzer Zeit große Mengen Fleisch, Milch und Eier »produzieren« sollen.[19] Hühner können bis zu sieben, Schweine bis zu zehn und Rinder bis zu 25 Jahre alt werden. Geschlachtet werden sie mit sechs Wochen, sechs Monaten und eineinhalb Jahren. Sie sind dann noch kleine Kinder. Viele von ihnen sehen erst auf dem Weg zur Schlachtung zum ersten Mal Tageslicht. Wenn sie diesen Tag überhaupt erleben – fast ein Viertel der Schweine und etwa zehn Prozent der Mastputen sterben schon vorher an den unerträglichen Zuständen in der Tierindustrie.[20] In der Hölle der Schlachthöfe erleben überdies jedes Jahr Millionen Tiere ihre Tötung bei vollem Bewusstsein. Laut dem Bundesministerium für Landwirtschaft und Ernährung sind 3,3 bis 12,5 Prozent der Schweine und vier bis neun Prozent der Rinder nicht ausreichend betäubt, wenn ihnen die Kehle durchgeschnitten wird.[21] Geschieht nicht einmal das richtig, sind sie noch am Leben, wenn ihnen die Hufe abgetrennt werden. Mehr als eine halbe Million Schweine jährlich werden lebendig in das Brühwasser zur Entborstung geworfen oder in Abflammöfen gesteckt. Auch Bio-Tiere sind vor diesem Grauen nicht gefeit: Abgesehen davon, dass auch in manchen Öko-Betrieben Qualzuchten an der Grenze zur Massentierhaltung vegetieren, sterben sie meist in denselben Schlachthöfen und werden dort genauso misshandelt wie alle anderen auch.[22] Bei kleinen regionalen Schlachtereien (also dem sogenannten Metzger von nebenan, mit dem viele ihren angeblich ethisch korrekten Fleischkonsum rechtfertigen) sind die Zustände teilweise noch schlimmer. Laut einer Studie im Auftrag der hessischen Landesregierung beträgt die Quote der Fehlbetäubungen in kleinen und mittelgroßen Schlachtereien sogar 44 Prozent.[23]

Der Strafrechtler Jens Bülte von der Universität Mannheim beschreibt die Tierindustrie als »organisierte Kriminalität«, in der Wirtschaftsinteressen stets vor Tierschutz gehen.[24] Systematisch werde deshalb gegen Gesetze verstoßen, Kontrollen gibt es kaum: Tierhaltende Betriebe werden im Schnitt alle 17 Jahre kontrolliert.[25] Auch in Schlachthöfen wird selten kontrolliert, obwohl bei jedem Besuch massenhaft Verstöße entdeckt werden. All das wird nicht nur politisch legitimiert, sondern auch noch finanziell unterstützt: Nach einer Untersuchung des Bündnisses »Gemeinsam gegen die Tierindustrie« fließen hierzulande jedes Jahr mindestens 13,2 Milliarden Euro öffentliches Geld in Erzeugung, Verarbeitung und Vertrieb von Fleisch, Milch und Eiern.[26] Den größten Anteil macht dabei mit rund fünf Milliarden Euro die ermäßigte Mehrwertsteuer auf tierische Lebensmittel aus, damit das Fleisch möglichst billig ist und massenhaft gekauft wird. Nirgendwo in Europa werden so viel Milch und Schweinefleisch erzeugt wie in Deutschland.[27] Selbst während der Corona-Pandemie feierte die deutsche Fleischindustrie vor allem durch die Ausfuhr von Schweinefleisch nach China Rekordumsätze, obwohl der Fleischkonsum hierzulande zurückging.

Sicher, das ist alles nicht neu. Aber das macht es ja nicht besser. Als ich 18 Jahre alt war, sah ich im Fernsehen eine Dokumentation über Tiertransporte. Ich habe bis heute die Bilder dieser einen Kuh vor mir, die vom Lkw auf ein Schiff geladen werden sollte. Sie war erschöpft und verletzt und brach immer wieder zusammen. Ein Arbeiter traktierte sie mit Elektroschocks. Schließlich wurde ein Strick um den Knöchel ihres Hinterbeins gelegt, damit wurde das große Tier, das vor Schmerzen und Panik brüllte, an einer Seilwinde nach oben an Deck gezogen. An diesem Tag habe ich endgültig aufgehört, Tiere zu essen. Das liegt jetzt mehr als 30 Jahre zurück. In all diesen Jahren legten Verhaltensforscherinnen, Zoologen und Biologinnen Studie um Studie vor, die zeigen, wie komplex das seelische, geistige und soziale Leben dieser sogenannten Nutztiere ist. Wie sie Trauer, Angst und Einsamkeit empfinden, aber auch Freude, Liebe, Freundschaft und Mitgefühl. Dass sie einen Sinn für Gerechtigkeit haben, für die Zukunft planen, Erinnerungen hegen und ein Bewusstsein besitzen, also eine Vorstellung ihrer selbst im Unterschied zu anderen. Gleichzeitig veröffentlichten Tierrechtsaktivistinnen und -befreier seit Jahr und Tag ungezählte Videos des Grauens aus Ställen und Schlachthöfen. Von Stallarbeitern, die lebende Puten und Hühner wie Fußbälle herumkicken oder mit großen Rechen zusammenraffen. Von Schlachthofmitarbeitern, die Tiere kurz vor ihrem Tod misshandeln und sadistisch quälen.[28] Von Ferkeln, die in ihrer eigenen Scheiße verenden, und ihren Müttern, die sich im Kastenstand nicht bewegen können. Von Mülleimern, in denen noch lebende Tiere zwischen Kadavern liegen. Niemand kann mehr behaupten, nicht zu wissen, auf welche Weise tierische Produkte hergestellt werden. Es mag zwar bis zu einem gewissen Grad eine Bewusstseinsänderung geben, die sich etwa im Vegantrend zeigt. Doch für die sogenannten Nutztiere selbst hat sich rein gar nichts zum Besseren verändert. Nicht einmal der BSE-Skandal, der für einen kurzen Moment die ganze Perversion dieser Industrie ans Licht brachte, als herauskam, dass

Kühe und Schafe, Pflanzenfresser also, todkrank wurden, weil sie mit pulverisierten toten Tieren gefüttert wurden, hat die Tierindustrie langfristig beeinträchtigen können. Ganz im Gegenteil: Laut der UN-Ernährungsorganisation FAO hat sich die globale Fleischproduktion in den vergangenen 55 Jahren von 84 auf 360 Millionen Tonnen pro Jahr mehr als vervierfacht.[29] Es leiden und sterben also mehr Tiere denn je.

»Die Behandlung von Nutztieren in industriellen Betrieben ist eines der schlimmsten Verbrechen der Geschichte«, schreibt der israelische Historiker und Bestseller-Autor Yuval Noah Harari in einem Essay im britischen *Guardian*.[30] Denn die Dimensionen von Qual und Tod sind gigantisch: 60 Prozent aller Säugetiere der Welt sind sogenannte Nutztiere, 36 Prozent sind Menschen und der klägliche Rest von nur vier Prozent sind Wildtiere. 70 Prozent der Vögel werden zur Produktion von Fleisch und Eiern eingesperrt, nur 30 Prozent leben in freier Wildbahn.[31] »Wir stellen uns vor, dass unser Planet von Löwen, Elefanten, Walen und Pinguinen bevölkert ist. Das mag für den National Geographic Channel, die Disney-Filme und die Kindermärchen gelten, aber für die reale Welt trifft es nicht mehr zu«, schreibt Harari.

Die meisten Tiere auf diesem Planeten werden gefangen gehalten, misshandelt und getötet. Weltweit werden jährlich 80 Milliarden Landtiere geschlachtet.[32] Nur um sich diese Zahl einmal zu verdeutlichen: Jedes Jahr werden weit mehr als zehn Mal so viele Lebewesen geboren wie die gesamte Menschheit – mit dem einzigen Ziel, sie für den Konsum auszubeuten und sie zu töten, um mit ihrem Fleisch Gewinn zu machen. Ein System der Unmenschlichkeit und Grausamkeit, das kein Ende kennt, weil in seiner Logik die Tiere nur nachwachsender Rohstoff sind.

Das ist nicht nur ein Verbrechen gegen die Tiere selbst. Es zieht auch schwere Menschenrechtsverletzungen nach sich, nämlich Hunger, Gewalt, die Zerstörung unserer Lebensgrundlagen und des Klimas. Mehr als 80 Prozent der landwirtschaftlichen Fläche der Erde werden für die Viehzucht verwendet – vor allem als Anbaufläche für Futter. Mehr als ein Drittel aller Feldfrüchte weltweit landet in den Mägen dieser sogenannten Nutztiere.[33] Allein die Viehzucht trägt deshalb mit 14,5 Prozent zu den globalen Treibhausemissionen bei. Insbesondere Soja: In den vergangenen 15 Jahren sind die Anbauflächen von Soja weltweit von 94,92 Millionen Hektar auf 127,6 Millionen Hektar gewachsen. Das ist eine Fläche fast doppelt so groß wie Frankreich. Der Sojaanbau ist nach der Viehwirtschaft der zweitgrößte Verursacher von Abholzung weltweit, besonders im Amazonas-Regenwald, der bereits kurz vor dem Kollaps steht. Laut der Menschenrechtsorganisation Global Witness nehmen die Landkonflikte deshalb zu. Allein in Brasilien wurden 2019 mehr als 20 Umweltaktivistinnen und -aktivisten ermordet.[34] Im sogenannten Sojagürtel, der sich von Argentinien über Bolivien, Brasilien und Paraguay bis Uruguay erstreckt, werden gigantische Mengen gefährlicher und hochgefährlicher Pestizide versprüht. Die Menschen, die im Giftnebel leben, leiden an Krebs, Haut- und Atemwegskrankheiten, ihre Babys kommen tot oder mit Missbildungen zur Welt.

Es gibt außerdem einen Zusammenhang zwischen der Zerstörung von Wäldern und dem Ausbruch von Pandemien. Mehr als zwei Drittel der Erreger, die Epidemien wie Ebola, Zika oder die Vogelgrippe auslösten, stammen ursprünglich von Wildtieren, die in tropischen Regionen heimisch sind. Intakte

Ökosysteme mit hoher Artenvielfalt halten diese gefährlichen Viren in Schach. Werden diese Lebensräume aber zerstört, »führt das zu einem Verlust der Artenvielfalt und verändert die Zusammensetzung der Säugetierpopulationen«, erklärt die Virologin Sandra Junglen, die an der Berliner Charité zu Viren forscht, die noch keinen Kontakt zu Menschen hatten. »Weniger Artenvielfalt bedeutet mehr Tiere einer Art. Wenn mehr Tiere einer Art im selben Lebensraum vorkommen, können sich Infektionskrankheiten zwischen den Tieren einer Art besser verbreiten.«[35] Die profitorientierte Agrarindustrie dringt immer weiter in die letzten Urwälder und Ökosysteme vor. Die verbliebenen Tiere verlagern ihre Lebensräume und nähern sich denen der Menschen an, was die Übertragungsraten in die Höhe treibt. Durch das globale Reisenetzwerk gelangen Viren rasch in die ganze Welt. So beschreibt der Epidemiologe Robert G. Wallace den Zusammenhang zwischen Agribusiness und Pandemien. Er zeigte bereits 2014, wie die Zerstörung von Wäldern für Palmölplantagen in Westafrika die Ebola-Epidemie dort befeuerte.[36] Fledermäuse, die Wirtstiere des Virus, siedelten in die Monokulturen um, vergrößerten dort die Schnittmenge zu den Menschen und trieben die Übertragungsraten in die Höhe.

Darüber hinaus ist es die Tierindustrie, die für die Verbreitung und Entstehung von Krankheiten sorgt. »Durch Züchtung genetischer Monokulturen von Nutztieren werden alle eventuell vorhandenen Immunschranken beseitigt, die die Übertragung verlangsamen könnten. Eine große Tierpopulation und -dichte fördert hohe Übertragungsraten. Solche beengten Verhältnisse beeinträchtigen die Abwehrkräfte des Immunsystems der Tiere. Ein hoher Durchlauf von Tieren, der Teil jeder industriellen Produktion ist, versorgt die Viren mit ständig neuen Wirtstieren, was die Ansteckungsfähigkeit fördert«, stellt Robert G. Wallace fest. »Mit anderen Worten: Die Agrarindustrie ist so auf Gewinn ausgerichtet, dass die Entscheidung für ein Virus, das eine Milliarde Menschen töten könnte, das Risiko wert zu sein scheint.«[37]

So bringt die Tierindustrie auch Antibiotika-Resistenzen hervor, weil die Tiere in den Ställen ohne Medikamente zwangsläufig krank werden. Ihre Ausscheidungen belasten unser Trinkwasser außerdem so sehr mit Nitrat, dass die EU Deutschland deshalb vor den Europäischen Gerichtshof brachte. Und Schlachthofmitarbeiterinnen und -arbeiter werden nicht nur ausgebeutet und diskriminiert, sondern sind auch Viren wie Covid-19 und resistenten Keimen ausgeliefert. All das ist bekannt und hinreichend beschrieben. Bücher, die sich kritisch mit der Tierindustrie und ihren Folgen auseinandersetzen, füllen allein in meinem Arbeitszimmer ein Buchregal. Doch all die Aufklärung hat nicht zu einer Änderung des Systems geführt. Zwar behauptet die Mehrheit der Deutschen in Umfragen mittlerweile immer wieder, wie sehr ihnen eine »artgerechte Tierhaltung« am Herzen liege: Im Ernährungsreport 2021 des Bundesministeriums für Landwirtschaft und Ernährung etwa geben 92 Prozent der Befragten an, es sei ihnen beim Kauf von Fleisch »sehr wichtig«, wie das Tier gehalten wurde.[38] Dabei handelt es sich wohl eher um sozial erwünschte Antworten, denn 98 Prozent der verspeisten Tiere in Deutschland stammen weiterhin aus Massentierhaltung. Obwohl der Fleischkonsum in den vergangenen Jahren leicht zurückgegangen ist, bleibt er relativ konstant bei rund 60 Kilo pro Kopf und Jahr. Mit kognitiver

Dissonanz allein – die kennen wir vom Umweltschutz, wenn sich etwa Vielflieger und SUV-Fahrer um das Klima sorgen – ist dieser Widerspruch nicht zu erklären.

Selektive Empathie

»Unser Verhältnis zu den Tieren stellt unsere Fähigkeit auf die Probe, das gemeinsame Schicksal zu erkennen, das uns mit anderen Lebewesen verbindet«, schreibt Corine Pelluchon. »Es ist ein Krieg gegen die Tiere, aber auch ein Krieg gegen uns selbst und unter uns.«[39] Die Professorin für Philosophie an der Universität Paris-Est Marne-la-Vallée beschreibt in ihrem *Manifest für die Tiere*, wie die Gewalt gegen Tiere, »von unseren Staaten legalisiert, von unserer Öffentlichkeit und unserer Kultur meist legitimiert, Ausdruck einer gewalttätigen Zivilisation« ist. Diese extreme Gewalt, die auf Lebewesen ziele, »deren Gesicht man nicht sieht oder nicht sehen will«, sei nur möglich, »weil die Verhärtung unseres Herzens unsere Beziehungen in Herrschaftsbeziehungen verwandelt«. Das mache uns »zugänglich für das Böse«, gerade jenes, »das im industrialisierten Westen institutionalisiert ist«. Sprich: im Kapitalismus.

Dieses findet seinen Ausdruck in der grausamen Einteilung fühlender Lebewesen in emotionale und ökonomische Kategorien. So gesteht mensch den einen, etwa Hunden und Katzen, ein individuelles Leben zu, liebt und hätschelt sie (was nicht bedeutet, dass ihnen dieser Status ein wirklich gutes Leben sichert, schließlich handelt es sich ja auch hier meist um Machtverhältnisse), während er andere zu Objekten degradiert. Dieses Denkmodell, hebt der Soziologe Marcel Sebastian hervor, sei spezifisch westlich und noch gar nicht sehr alt: Die Differenzierung zwischen Haus- und sogenannten Nutztieren sei erst im 18. und 19. Jahrhundert im Zuge der Industrialisierung entstanden.[40]

Viele technische Erfindungen kamen entsprechend nicht, wie oft behauptet, in der Stahl- und Autoindustrie zum Einsatz, sondern in Schlachthöfen. Das Erste, was auf einem Fließband transportiert wurde, war ein totes Schwein. Der Automobilpionier Henry Ford beschreibt 1923 in seiner Autobiografie, dass er die Fließbandproduktion eingeführt habe, nachdem er diese bei einem Besuch eines Schlachthofs in Chicago kennengelernt habe. Dort nahm Mitte des 19. Jahrhunderts das industrielle Töten von Tieren bis dahin nicht gekannte Ausmaße an. Von der Eröffnung der Union Stock Yards 1865 bis zum Jahr 1900 wurden dort bereits 400 Millionen Tiere geschlachtet.[41]

Im Jahr 2007 besuchte ich für eine Reportage im Magazin *Neon* die Internationale Messe der Fleischwirtschaft in Frankfurt.[42] Dort wurden Hightech-Maschinen gezeigt, die bei der Schlachtung und in der Fleischverarbeitung eingesetzt werden. An den Messeständen der Hersteller dieser Tötungsmaschinen hingen grässliche Fotos von zerstückelten Rindern, Schweinen und Hühnern. Auf riesigen Monitoren liefen in Endlosschleife Aufnahmen von Schweinen, die auf Fließbänder purzeln, an denen ihnen die Kehle aufgeschlitzt wird, wie ihre Körper abgeflammt werden, wie sie vom Förderband hängen, wo ihnen Köpfe und Pfoten abgeschnitten werden. Doch das wirkliche Grauen rührte nicht von den blutigen Bildern her, sondern von den blitzblanken Maschinen. Den ergonomischen Elektroschockern, den gigantischen roboterbetriebenen »Rektumschneidern« (ja, die heißen so). Den Nackenkneifern, Vorderfußabschneidern, Schweinespaltern, Brustöffnern. Den gigantischen Wurstkesseln, Flammöfen, Blutauffangwannen, Bluttanks und Blutförderanlagen aus glänzendem Stahl. Und den Hightech-Betäubungsmaschinen, die 50, 120, 250, 650 oder 1800 Schweine pro Stunde (»Schw./S.«) »schaffen«. Die Maschine ist die kleinste Einheit der Industrie, deren Wesen Effizienz, Rationalität und Gewinnorientierung ist. Durch das industrielle Schlachten mit technisch hoch entwickelten Maschinen distanziert sich der Mensch von dem grausamen Akt des Tötens. Nicht nur weil er den Prozess so weit wie möglich seinen dafür entwickelten Maschinen überlässt. Er neutralisiert ihn, indem er seine eigene Verrohung zur Zivilisation verklärt. Schließlich macht die Produktionsgeschwindigkeit das Tier zur Ware, sie spricht ihm seinen Lebenswillen und sein Leiden ab. Sein Sterben verkommt zur zynischen Maßeinheit wirtschaftlicher Leistungsfähigkeit: 1300 Schw./S., 55 Mio. Schw./Jahr, 1,25 Euro/kg Schlachtgewicht.

Das individuelle Tier existiert nicht in dieser Industrielogik, die in den Züchtungslabors beginnt und an der Verpackungsanlage endet.

Für mich gibt es nichts, was so sehr die erbarmungslose und lebensverachtende Profitlogik des Kapitalismus so deutlich zeigt wie die Tierindustrie. Dass ich auf dieser Messe vergeblich nach so etwas wie Mitgefühl suchen würde, hatte ich schon vorher geahnt. Doch wie monströs die Empathielosigkeit war, wie sie regelrecht zelebriert wurde, finde ich noch heute im Rückblick verstörend. Wie Tiere verhöhnt und lächerlich gemacht wurden, indem sie als Pappmaché-Schweine mit aufgeklebten Wimpern und aufgemaltem Kussmund neben Schlachtapparaten standen oder lustige Plüschhühner kopfüber von den ausgestellten Enthauptungsmaschinen hingen. Wie ich ein Gespräch von zwei Frauen aufschnappte, von denen die eine sagte: »Gut, dass hier keine Tierschützer sind«, und die andere darauf zustimmend kicherte. Und wie mir der Vertreter eines Schlachtmaschinenherstellers eines seiner Höllengeräte erklärte. Einen automatischen Betäubungsrestrainer mit stufenlos verstellbarer Geschwindigkeit, auf dem bis zu 650 Schweine pro Stunde auf einem Förderband durch einen langen dunklen Tunnel zum selbsttätigen Elektroschocker fahren, dort automatisch in Position gebracht und von der Betäubungszange unter Strom gesetzt werden. Der Mitarbeiter grinste mich an und sagte, man müsse nur ein Schwein vorauslaufen lassen, dann folgten ihm die anderen in den Tunnel. »Schweine, die sind eben dumm«, sagte er und lachte sich kaputt.

»Was die etablierte Art des Umgangs mit Tieren in der Gesellschaft ermöglicht und fördert, ist die selektive Ausschaltung von Empathie«, schreibt der Ethiker Thilo Hagendorff in seinem Buch *Was sich am Fleisch entscheidet*.[43] Genau darin liegt die Brutalität: Schweine sind neben Primaten die intelligentesten Säugetiere. Sie sind sozial, mutig, lebensfroh, mitfühlend und so loyal wie Hunde. Aber all das zählt nichts. Denn sie werden zu bloßen Fleischlieferanten erniedrigt, zu einer anonymen Masse, aus der es für sie kein Entrinnen gibt.

Tod in Dosen

Mein Messerundgang endete damals vor einer Maschine, die geschlossene Dosen auf ein ratterndes Förderband spuckte. Eine Anlage zur Herstellung von Katzen- und Hundefutter. »Je mehr sich der Mensch entwickelt, desto mehr entwickelt sich das

Tier, darum kriegt das Tier das Beste«, sagt der Mann von der Firma, die diese Maschine herstellte. »Das Tier«, ergänzte er, »das geht dem Menschen eben über alles.«

An diese bizarre Szene musste ich denken, als ich zum ersten Mal in einem Zoofachgeschäft durch die endlosen Regalreihen voller Säcke und Dosen mit Hundefutter ging. Als Welpe bekam Toni noch an ein paar Tagen die Woche eine Miniportion Fleisch. Im Wachstum wollte ich, frischgebackene Hundemama, die ich war, einfach auf der sicheren Seite sein; schließlich habe ich die Verantwortung für sein ganzes Leben, und die Tierärztin riet mir dazu. Es fiel mir wahnsinnig schwer. Und so stand ich vor diesem Futterregal und versuchte auszuwählen, welches Fleisch von welchem Tier auch nur irgendwie okay sein könnte.

Pute? Qualzucht, immer. Geht gar nicht.

Kaninchen? Ich liebe Kaninchen. Und für deren Haltung zur Fleischgewinnung gibt es praktisch keine Tierschutzbestimmungen, sie leiden extrem.[44] Nein, wirklich, auf gar keinen Fall.

Aber ich mag auch Enten, Hühner, Gänse, Schweine, Lämmchen und Rinder, denen geht es ja genauso beschissen.

Und Lachs? Die Mastschweine der Meere; ihre Zucht ist verantwortlich für gigantische Umweltschäden. Die Aquakulturen, in denen sie gezüchtet werden, etwa in den chilenischen Fjorden, sind verseucht von Insektiziden und Antibiotika.[45] Gefüttert werden die Lachse mit zermalmten Fischen aus den Ozeanen oder mit Soja. Kommt überhaupt nicht infrage. Thunfisch? Muss ich gar nicht erst anfangen, oder? Gar kein Fleisch, das da im Regal stand, war für mich auch nur irgendwie okay. Natürlich nicht, deshalb esse ich ja keines. Und genau aus diesem Grund will ich auch Toni nicht damit füttern. Schließlich griff ich zu einem Glas Bio-Bruder-Hahn. Dieses Fleisch wird deswegen als ethisch korrekt wahrgenommen, weil die Brüder der Legehennen nicht als Küken geschreddert werden, sondern noch ein paar Wochen leben dürfen, bevor sie schließlich doch umgebracht werden. Das also ist im allerbesten Fall das Ergebnis, wenn die Gesellschaft zwar die Tierindustrie weiterhin akzeptiert, nicht jedoch ihre angeblichen »Auswüchse« wie das Kükenschreddern. Doch es bleibt bei toten Tieren, die lieber hätten leben wollen.

Ich war heilfroh, als ich endlich auf vegetarisch umstellen konnte. Ja, ich weiß. Auch das ist nicht konsequent, sondern nur ein Kompromiss. Auch Milch und Eier gibt es nicht ohne Leid. Aber bei einer rein veganen Ernährung sind Fachtierärztinnen wie Julia Fritz noch eher vorsichtig, bei Welpen raten sie explizit ab. Wie gut Hunde pflanzliches Eiweiß tatsächlich verwerten können, sei noch nicht letztgültig geklärt, sagt sie. Es gebe zwar viele Erfahrungsberichte gesunder veganer Hunde, aber es gibt weder Studien noch Langzeiterfahrungen. Um Langzeitfolgen wirklich abschätzen zu können, müssten viele vegan ernährte Hunde verschiedener Rassen über zwölf bis 18 Jahre beobachtet werden. Aber dafür ist die vegane Hundeernährung noch zu jung. Blutuntersuchungen, wie sie in veganen Foren empfohlen werden, geben leider keine Auskunft darüber, ob der Hund alles hat, was er braucht. Nährstoffmängel lassen sich im Blut erst sehr spät erkennen. Denn der Hundekörper kann diese Mängel lange kompensieren – also zum Beispiel Kalzium aus den eigenen Knochen verwerten. Lebensnotwendiges Kupfer wird in der Leber gespeichert, und der Spiegel sinkt im Blut erst, wenn der Mangel extrem ist. Sind die Blutwerte schlecht, ist also schon eine Menge schiefgelaufen.

Und so haben wir uns vorerst für die flexigane Variante entschieden. Das bedeutet, dass Toni vegetarisches Futter bekommt, und an manchen Tagen veganes. Er mag, zum Glück, beides sehr gern. Als ich Julia Fritz zum Interview treffe, frage ich sie, ob es denn nun wirklich Quälerei sei, Hunden das Fleisch vorzuenthalten. Sie schüttelt den Kopf. »Hunde brauchen nicht viel Fleisch. Sie wissen auch nicht direkt, was Fleisch ist«, sagt sie. »Aber es schmeckt ihnen halt sehr gut.« Natürlich. Und auch Toni mag es. Wenn er in der Pizzeria eine Scheibe Schinken bekommt, in der Apotheke ein Leckerli oder im Hundeladen ein getrocknetes Lüngerl, soll er das haben. Auch das versteckte Hasenohr im Hundetraining darf er suchen und fressen. Ich atme dann halt tief durch und betrachte das als Containern. Ihm das zu verbieten, das fände ich unfair. Er würde ja nicht verstehen, warum.

Zwar werden in Deutschland in der Regel (noch) keine Tiere extra für Hundefutter geschlachtet. Es enthält überwiegend das, was Menschen essen könnten, aber nicht wollen (und das ist der größte Teil des getöteten Tieres). Der Hund ist aber Nutznießer des immensen menschlichen Fleischverzehrs. Er ist, so beschreibt es Tierarzt und Blogger Ralph Rückert treffend, »unser Partner in Crime«. Wenn wir also das Tierleid beenden und aus der Tierindustrie aussteigen wollen – und daran führt meines Erachtens sowohl ethisch als auch ökologisch kein Weg vorbei –, müssen wir uns nicht nur um unsere eigene, sondern auch um die Ernährung unserer Hunde Gedanken machen. Wenn wir nur die schlimmsten Folgen der Klimakrise verhindern wollen, muss der Fleischverzehr ohnehin drastisch sinken: Das Freiburger Öko-Institut kommt in einer Studie im Auftrag von Greenpeace zu dem Schluss, dass die Tierbestände in der Landwirtschaft allein in Deutschland mindestens halbiert werden müssten, um das deutsche Klimaziel zu erreichen.[46]

Die Suche nach Alternativen zum übermäßigen Fleischkonsum auch bei Hunden ist also dringend nötig. Warum reden wir dann nicht endlich darüber, wie wir das schaffen können? Zwar gibt es mittlerweile einige Hersteller, die veganes Alleinfutter anbieten. Und seit das Start-up Vegdog aus München in der Vox-Sendung »Höhle der Löwen« veganes Dosen- und Trockenfutter vorstellte und auch eine Unternehmerin als Investorin für das Projekt gewann, wurde vegane Hundeernährung zum Medienthema. Doch der wahre Trend in der Hundefutter-Industrie geht seit Jahren in die entgegengesetzte Richtung. Es gibt Fleisch, Fleisch, Fleisch und noch mehr Fleisch. Und vor allem: hochwertiges Muskelfleisch, das auch für den menschlichen Verzehr geeignet wäre.

Wolf-Washing

Dafür steht vor allem der sogenannte BARF-Trend. Hinter der Abkürzung verbergen sich verschiedenen Begriffe. »Born again Raw Feeders« (wiedergeborene Rohfütterer). »Bones and Raw Food« (Knochen und rohes Futter) oder »Biologically Apropriate Raw Food« (biologisch artgerechtes Rohfutter). BARF will die Wolfsnahrung nachahmen – mit rohem Fleisch und Innereien, Früchten und Beeren und »fleischigen Knochen«. BARF hat allerdings mittlerweile mindestens so viele Kritiker wie Anhängerinnen. Ralph Rückert bezeichnet BARF als »pseudoreligiöse Denkschule«. In seinem Tierarzt-Blog hat er viele kritische Artikel darüber geschrieben. Denn: »Es gibt keine ernst zu nehmende und sauber angelegte Studie, die irgendeinen Vorteil für den Hund durch BARF belegen konnte. Dafür gibt es aber beträchtliche gesundheitliche Nachteile.«[47] Es mag paradox klingen, doch gerade diese fleischlastige Ernährung birgt ein hohes Risiko für einen Mangel mit lebenswichtigen Nährstoffen. Das ergab unter anderem eine US-Studie aus dem Jahr 2013. Darin wurden zweihundert Rohfütterungs-Rezepte für gesunde erwachsene Hunde untersucht – mit dem Ergebnis, dass bei über 90 Prozent wenigstens ein essenzieller Nährstoff nicht in der mindestens empfohlenen Menge enthalten war, mehr als 80 Prozent wiesen insgesamt gravierende Mängel auf.[48] Die Fachtierärztin für Ernährung, Natalie Dillitzer, hatte 95 BARF-Rationspläne untersucht, die ihr Hundehalterinnen und -halter zur Überprüfung geschickt hatten, und stellte bei zwei Dritteln davon schwerwiegende Mängel und bei den restlichen 40 Prozent leichtere Mängel fest.[49] Das kann über kurz oder lang schwere gesundheitliche Schäden bei den Hunden anrichten. Die großen Tierarztverbände in den USA, Kanada und Großbritannien raten von dieser Fütterung ebenso explizit ab wie die Gesundheitsbehörden.[50] Denn rohes Fleisch kann Keime, Viren und Parasiten enthalten, die nicht nur für den Hund gefährlich sind, sondern auch für den Menschen: Salmonellen, Listerien, Toxoplasmen, Clostridien, Shigellen, E. coli und Campylobacter etwa, die allesamt schwere Durchfallerkrankungen auslösen. Sie wurden bereits in BARF-Futterproben nachgewiesen. Die Universität Zürich fand 2019 in jeder zweiten untersuchten Ration überdurchschnittlich hohe Werte an verschiedenen multiresistenten Bakterien.[51]

Es lauern weitere Gefahren: Schlundfleisch enthält Hormone, die Schilddrüsenstörungen hervorrufen können. Der hohe Fleischanteil kann außerdem zu einer Überversorgung mit Eiweiß führen, was wiederum die Nieren und die Leber belasten und Harnsteine begünstigen kann.[52]

»Ich – und viele meiner Kolleginnen – haben den Eindruck, dass wir gebarfte Hunde deutlich öfter in der Praxis sehen als nicht gebarfte«, sagt Rückert. Sie scheinen eher zu Unverträglichkeiten zu neigen – und sie beißen sich an den Knochen die Zähne kaputt oder verschlucken Teile davon, was zu Verletzungen im Verdauungstrakt führen kann. Rückert kritisiert die wachsende Verwendung von Muskelfleisch im Futter und plädiert – auch aus Umweltgründen – für eine Hundeernährung mit weniger Fleisch. »Der Hund ist längst kein Wolf mehr. Vom Urwolf, von dem er abstammt, ist er weiter weg als wir vom Cro-Magnon-Menschen«, stellt Ralph Rückert fest, »wenn wir unsere Kinder nach demselben Prinzip wie in der Steinzeit ernähren würden – dann stünde das Jugendamt vor der Tür. Das kann doch kein Maßstab sein!«

Und ist es nicht auch ganz schön albern, dass viele Hunde den ganzen Tag gefälligst brav unter dem Bürotisch liegen sollen, aber abends am Napf für ein paar Sekunden – da dürfen sie dann ein wilder Wolf sein? Klar, das ist weniger aufwendig als ein ausgedehnter Spaziergang. Vielleicht funktioniert der ganze Wolfsquatsch ja deshalb so gut, weil es sich tatsächlich um Überkompensation handelt?

»Von den Rocky Mountains Nordamerikas, der arktischen Tundra, den Bergen und Wäldern Europas bis hin zu den Wüsten und Steppen Zentralasiens jagen Wölfe ihre Beute. Diese versorgt sie mit Fleisch und Innereien und über den Mageninhalt auch mit Gemüse, Früchten, Wurzeln und Kräutern. Getreide kommt hier selten vor. Das Futter von Wolfsblut baut auf diesen Lebensräumen und deren bunter Nahrungsvielfalt auf.«

So steht das auf der Homepage der 2006 gegründeten Premium-Marke Wolfsblut. Die Sorten Dosen- und Trockenfutter heißen »Wide Plain«, »Cold River« oder »Dark Forest«, die Packungen ziert ein Wolfskopf. Sie versprechen »100 % Natur« und »0 % Getreide« – und viel Fleisch.[53] Der Wolfsmythos ist marketingtauglich, viele Premium-Marken – und selbst Bio-Hersteller – setzen auf einen maximalen Anteil von Frisch- und Muskelfleisch, als sei nur dies eine artgerechte Ernährung.

Im Visier der Konzerne

»Eine bessere Welt für Tiere« verspricht Mars Petcare mit seinen Marken Chappi, Pedigree, Frolic und Whiskas. Das Unternehmen gehört zum Süßwarengiganten Mars Incorporated. Auch Nestlé hat, unter anderem mit der Marke Purina, eine Tierfuttersparte. Der Lebensmittelkonzern verspricht ein »langes, gesundes und glückliches Zusammenleben von Mensch und Tier«. Davon kann allerdings kaum die Rede sein: Beiden Konzernen werden seit Jahr und Tag in ihren Lieferketten Menschenrechtsverletzungen und Umweltzerstörung nachgewiesen. Denn sie sind abhängig von einer ganzen Reihe von Rohstoffen, die mit der Zerstörung von Wäldern in Verbindung stehen: Palmöl, Soja, Kakao und eben Fleisch.

Tierfutter gilt als größter Wachstumstreiber der Lebensmittelkonzerne, deren Kerngeschäft mit industrieller Nahrung schon lange stagniert. Allein Mars Petcare macht mehr als die Hälfte seines Konzernumsatzes in seiner Tierfuttersparte. Der Umsatz von Heimtierbedarf macht bei Nestlé mehr als 13 Milliarden Euro aus; die Tierfutter-Marke Purina wächst doppelt so schnell wie der Gesamtumsatz des Konzerns.[54]

Kein Wunder: Wie bei jedem Industrieessen sind die Zutaten billig, verkaufen lässt es sich teuer.

Eine Dose Hundefutter kostet mehr als ein Schweinenackensteak. Aber auch bei Industriefutter für Tiere sind Mars und Nestlé in die Kritik geraten: PETA USA deckte auf, dass Mars Petcare für sein Futter der Marke Royal Canin grausame Tierversuche in einem Labor durchführen ließ.[55] Gegen Nestlé Purina gab es 2015 eine Sammelklage in den USA, weil im Trockenfutter Toxine aus Schimmelpilzen angeblich einen Hund getötet und andere krank gemacht haben sollen.[56] Bei der US-amerikanischen Food and Drug Administration (FDA) gingen bis 2014 5 800 Beschwerden von Hundebesitzerinnen und -besitzern ein, deren Tiere nach dem Verzehr einer bestimmten Sorte von Leckerli von Nestlé Purina krank wurden. Tausende Hunde waren nach dem Verzehr der Kauartikel, die in einer chinesischen Tochterfabrik hergestellt wurden, gestorben, drei Menschen wurden krank.[57]

Futtermittelhersteller karren ihre Zutaten aus der ganzen Welt zusammen. Wenn dann, wie womöglich in diesem besonders dramatischen Fall, die ganze Charge eines Rohstoffs kontaminiert ist und in die Produktion gelangt, trifft das bei den gigantischen Mengen, die Konzerne davon in den Verkehr bringen, auch entsprechend viele Tiere. Das ist beunruhigend. Aber noch beunruhigender ist, auf welche Art und Weise diese Konzerne im Milliardenmarkt Tierfutter Macht und Zugang sichern.

Big Pet Food (eine Analogie zu Big Pharma) verfolgt eine ähnliche Strategie wie die Süßwarenindustrie. Während Letztere Sportvereine sponsert, mit Kinderärzten zusammenarbeitet oder »Ernährungsberatung« für Eltern anbietet, kooperieren die Futtermittelhersteller mit dem Deutschen Tierschutzbund[58], sponsern Tierarztkongresse, geben Lehrbücher für Veterinärmedizinstudierende heraus, unterstützen Tierarztverbände und kooperieren mit Hundeschulen.

Mars Petcare und Royal Canin etwa gehörten zu den Sponsoren des Bundesverbands der Veterinärmedizinstudierenden Deutschland, der Bundesverband praktizierender Tierärzte arbeitet mit Nestlé Purina in einem Projekt für Schulkinder zusammen. Mit den Johannitern organisiert Mars Petcare Hundebesuche in Seniorenheimen, und Mars Petcare unterstützt die Ausbildung zu Hundefachwirten.[59]

Die bedenklichste Entwicklung ist allerdings, dass Mars Petcare und Nestlé groß in den Milliardenmarkt Tiermedizin einsteigen und reihenweise Tierarztpraxen und -kliniken aufkaufen. Wie die Humanmedizin ist auch die Tiermedizin zunehmend konzerndominiert: Im Jahr 2007 kaufte Mars die größte US-amerikanische Klinikkette Banfield Pet Hospital, 2015 dann BluePearl Veterinary Partners mit Klinikstandorten in 21 Bundesstaaten, 2017 die VCA-Kette mit mehr als 800 Klinikstandorten (für 9,1 Milliarden Dollar) und die Laborkette Antech (60 tiermedizinische Labore). Damit ist Mars nicht mehr nur der größte Heimtierfutter-Hersteller, sondern auch der größte Tierklinik- und Tierarztpraxen-Betreiber der Welt mit mehr als 1800 Standorten. Und er ist auch in Deutschland angekommen: 2018 übernahm Mars die schwedische Unternehmensgruppe Anicura, die in Europa mehr als 350 Tierarztpraxen und -kliniken unterhält. Auch in Deutschland kauft der Konzern Kliniken und Praxen in großem Stil auf. Konkurrent Nestlé wiederum hat sich bei der IVC Evidensia Group eingekauft, die 1500 Kliniken und Praxen in elf Ländern betreibt und dort

»unternehmerische Freiheit mit höchsten tiermedizinischen Standards verbinden« will. Bereits jetzt gibt es Regionen in Deutschland, in denen sich die Notfallversorgung von Tieren ausschließlich in der Hand dieser Konzerne befindet. Aber Monopolbildung führt meistens zu höheren Preisen und schlechterer Versorgung. Es geht um Effizienz und darum, womit am meisten Geld gemacht werden kann. Pharmaindustrie und Krankenhauskonzerne machen das schon lange vor. »In Ländern, wo diese Ketten eine große Marktmacht haben, sind die Preise doppelt bis viermal so hoch wie in Deutschland. Ich gehe davon aus, dass eine teure Überdiagnostizierung stattfinden wird, wie wir das auch aus der Humanmedizin kennen. Da können durchaus Kliniken unter Druck gesetzt werden, MRTs durchzuführen, auch wenn es medizinisch nicht notwendig ist«, sagt der Ulmer Tierarzt Ralph Rückert. »Das widerspricht der tiermedizinischen Ethik, und das macht mir Angst: Tierärztinnen und Tierärzte würden ihre ethische Selbstbestimmung und Deutungshoheit verlieren, wenn sie bloß noch Angestellte eines Wirtschaftsunternehmens wären, bei dem dann tatsächlich nicht das Tier zählt, sondern der Profit.«

Mit dem Einkauf in die tiermedizinische Versorgung haben sich Mars und Nestlé eine ganz eigene Wertschöpfungskette aufgebaut. In ihren Kliniken und Praxen werden die Hunde nicht nur behandelt, es wird ihnen meist auch das Futter aus dem eigenen Haus dort verordnet. Spezialfutter für Hunde mit ernährungsbedingten Krankheiten verzeichnet nämlich ein besonders hohes Wachstum – eine unabhängige Futterberatung, die nur dem Hund nützt, wird dort womöglich nicht im Vordergrund stehen. Vor allem sorgt dieses Geschäftsmodell dafür, dass mehr und mehr Fleisch an Haustiere verfüttert wird.

Die Kritik an Futterkonzernen ist weitverbreitet, es gibt eine Menge von Schauermärchen und Gerüchten, was angeblich in den Dosen ist – von toten Haustieren bis Klärschlamm.[60] 2005 trat die Münchner Firma Terra Canis mit der Idee an, Industriefutter mit minderwertigen Zutaten Qualität entgegenzusetzen. Von Konzernen wie Nestlé setzte sich Terra-Canis-Gründerin Brigitta Ornau mit ihrem Produkt öffentlichkeitswirksam ab und bezeichnete sie als »Teil der Entsorgungsindustrie«.[61]

Terra Canis serviert Gourmet-Menüs in Dosen wie Rind mit Kokos, Obst und Kurkuma, Lama mit Maniok, Mango und Passionsblume, Hering mit Erdbeere, Kartoffeln und Sommerblüten oder Kalb mit Hirse, Gurke, Gelber Melone und Bärlauch. Damit wurde Terra Canis so erfolgreich, dass ausgerechnet der Nestlé-Konzern 2017 die Mehrheitsanteile der Münchner Firma kaufte.[62] Ein bisschen so wie damals, als Anita Roddick, die mittlerweile verstorbene Gründerin der tierversuchsfreien Kosmetikfirma The Body Shop, ihren Laden an ihren erklärten Erzfeind L'Oréal verkaufte. Wie sie hat auch Ornau dafür heftige Kritik von ihren Anhängerinnen bekommen.[63] Und wenn man so will, dann dient die Lifestyle-Marke Terra Canis dem Futtermittelgiganten nun auch noch als grünes Feigenblatt: In einer eigenen Linie namens »Save the Planet« bietet sie Fleischmenüs an, die »die Welt ein kleines bisschen besser machen«. Von jeder Dose aus diesem Sortiment geht eine Spende an ein Wald-, Klima- oder Meeresschutzprojekt.[64] Wenn also möglichst viele Hunde möglichst viele Fisch- und Fleischdosen von Terra Canis fressen, dann sind Wälder, Klima und Meere sicher bald gerettet.

Zwar sind im Tierfutter nur genusstaugliche Nebenprodukte der Kategorie 3 erlaubt, die aus wirtschaftlichen Gründen nicht in der Lebensmittelproduktion für Menschen verarbeitet werden, etwa Innereien wie Pansen und Leber, aber auch Zunge, Geflügelköpfe, Häute, Federn, Schweineborsten oder Blut.[55] Terra Canis hingegen verwendet keine Schlachtabfälle. In einem Werbevideo verspeist Brigitta Ornau vor laufender Kamera eine Dose Hundefutter. Die Firma arbeitet mit einer Münchner Metzgerei zusammen, die ausschließlich Produkte verwendet, die auch für den menschlichen Verzehr verarbeitet werden könnten.[66] Damit erweckt die Marke allerdings den Eindruck, es sei völlig in Ordnung, Tiere extra für Hunde zu schlachten.

Exoten-Boom

Es ist erstaunlich, dass alle Kritik und Skepsis gegenüber der Futterindustrie nie dazu geführt hat, die Tierindustrie als solche grundsätzlich infrage zu stellen und nach fleischlosen Alternativen zu suchen. Im Gegenteil: Es hat den Muskelfleischtrend noch befeuert. Mittlerweile werden deshalb auch Pferde, Rentiere, Ziegen, Lamas und sogenannte Exoten wie Kängurus, Strauße, Kamele, Krokodile, Wasserbüffel und Zebras zu Hundefutter verarbeitet. Die werden wiederum als »hypoallergen« verkauft, weil wegen des Industriefutters Hunde angeblich zunehmend Allergien und Unverträglichkeiten entwickeln.

»Immer mehr Menschen glauben, ihr Hund sei so einzigartig, dass die Fütterung ganz speziell und sehr exquisit sein muss«, sagt wiederum Klaus Wagner. Als Agraringenieur und Futterentwickler kritisiert er diesen Trend. »Da wird völlig unreflektiert Fleisch aus der ganzen Welt herangekarrt; was die Schlachttiere für ein Leben hatten, warum und wie sie geschlachtet wurden, ist völlig egal.«

Pferdefleisch zum Beispiel findet sich mittlerweile in so vielen Hundefuttern und Kauartikeln, dass die hohe Nachfrage nicht aus Europa gedeckt werden kann. Es wird importiert, etwa aus Argentinien, Australien, Kanada oder Uruguay. Es sind Renn- und Rodeopferde, die ihr ganzes Leben gequält und missbraucht wurden, bis sie über weite Strecken in ungeeigneten Fahrzeugen ohne Futter und Wasser in Horrorschlachthöfe transportiert werden, wo sie einen grausamen Tod erleiden.[67] Kängurus wiederum werden in Australien erbarmungslos gejagt: 1,6 Millionen Tiere werden jedes Jahr umgebracht. Laut der Tierschutzorganisation Pro Wildlife schießen von Schlachthäusern angeheuerte »Shooter« die Tiere nachts. Sie versuchen, so viele zu treffen wie möglich, weil sie pro Kilo bezahlt werden. Unzählige Kängurus sterben qualvoll, weil sie nicht richtig getroffen werden. Jungtiere, die sich selbst überlassen sind, weil ihre Mütter getötet wurden, verhungern oder verdursten. Babys im Beutel der Mutter werden erschlagen. Deutschland ist der drittgrößte Importeur von Kängurufleisch und -leder.[68] Besonders die Agrarlobby und die Großfarmer setzen sich in Australien für die Kängurujagd ein. Behörden und die Regierung behaupten, sie seien Schädlinge. Aber dafür gibt es keine wissenschaftlichen Belege. Im Gegenteil sind in vielen Abschussgebieten Australiens die Bestände stark zurückgegangen. Womöglich erledigt sich der Futtertrend auf bittere Art und Weise ganz von selbst: Bei den Jagd-Massakern und Buschbränden der vergangenen Jahre sind in Australien so viele der Beuteltiere gestorben, dass es bereits zu Lieferengpässen ihres Fleisches kommt.[69]

Klaus Wagner begreift seine Arbeit als Gegenbewegung zum Fleischwahn. Er hat vor knapp zehn Jahren das erste vegetarische Hundefutter auf den Markt gebracht – und scheiterte. »Ich habe mir Shitstorms und Schelte ohne Ende eingefangen.« Niemand wollte Hundefutter ohne Fleisch kaufen. Damals arbeitete er noch bei dem Futterhersteller Josera, später gründete er die nachhaltige Marke Green Petfood. Er bezeichnet sich als »Greenologe« und berät Futtermittelhersteller in Sachen Fleischreduktion und Klimaschutz. Er sagt: »Das Problem sind nicht die Leute, die versuchen, ihren Hund vegetarisch und vegan zu ernähren. Sondern die, die ihnen viel zu viel Muskelfleisch füttern.«

Ich hoffe sehr, dass sich diese Erkenntnis durchsetzt. Vielleicht ist das bei Hunden ja heute so wie bei mir, als ich zum ersten Mal aufhörte, Fleisch zu essen. Damals, nachdem ich diese Blutlache auf dem Bauernhofboden sah, wo ein paar Stunden zuvor noch ein Schwein zappelte. Es muss Mitte der Achtzigerjahre gewesen sein, ich war vielleicht 13 Jahre alt. Damals wurden Vegetarierinnen und erst recht Veganer als Spinner betrachtet. Der Kinderarzt schüttelte genauso besorgt den Kopf wie meine Familie. Alle Welt wollte mich davon abbringen. In den Gasthäusern auf dem Land war das vegetarischste Gericht ein Salat mit Schinken. Die vegetarischen Würstchen, die ich mir damals von meinem Taschengeld kaufte, schmeckten grauenhaft. Es war so mühsam, dass ich diesen ersten Versuch irgendwann aufgab.

Seither hat sich doch einiges verändert. Menschen, bei denen ich es nie für möglich gehalten hätte, essen längst kein Fleisch mehr. Selbst das Münchner Oktoberfest, ja, sogar Berghütten bieten veganes Essen an. Jüngst hat sogar Volkswagen Fleisch und die berühmte Currywurst aus der Kantine verbannt. Und Veggie-Würstchen schmecken mittlerweile super.

Auch wenn wir noch lange nicht da sind, wo wir sein müssten, so glaube ich doch daran, dass Veränderung möglich ist. Als ich neulich mit Toni spazieren ging, haben wir einen Pizzakarton auf dem Boden gefunden. Darin lag ein Stück frische Schinkenpizza. Toni hat kurz dran geschnuppert und ist einfach weitergelaufen. Ich habe mich gefreut wie ein Sojaschnitzel.

II. WHERE THE DOGS HAVE NO NAME

Eine Reise zu den Straßenhunden in Südosteuropa

Das Häufchen Elend aus Fell hat noch keinen Namen. Es liegt zusammengerollt hinter Gittern und atmet flach. Obwohl sein Fell beige ist, wirkt das Tier ganz grau. Es ist übersät mit kleinen schwarzen Punkten: Flöhe und Flohkot. In seinem zierlichen Vorderbeinchen steckt ein Katheter, aus einem Tropf fließt Infusionslösung in seinen winzigen Körper. Der Kleine leidet an Parvovirose, einer gefährlichen Infektionskrankheit, die bei Welpen, wenn sie nicht rasch erkannt und behandelt wird, oft tödlich endet. Es ist ein qualvoller Tod. Die meisten Geschwister dieses Hundes ohne Namen sind bereits gestorben. Tierschützerinnen fanden den wenige Wochen alten Rüden bei einem alten, mittel- und gehörlosen Mann, der mit seinen acht Hunden völlig überfordert war. Die Transportbox, in der er liegt, steht auf einem Anhänger im Schatten eines Olivenbaums: Eine provisorische Isolierstation – Parvovirose ist hoch ansteckend. In der Ferne glitzert das Meer, und der Horizont flimmert unter der Augusthitze. Kaum bin ich auf Kreta angekommen, schon zeigt mir dieses winzige Wesen, das vor meinen Augen um sein Leben kämpft, das ganze Ausmaß des Hundeelends. »Verlieb dich bloß nicht«, sagt Thomas Busch, »wir wissen nicht, ob er überleben wird.« Zu spät. Ich habe dem Parvo-Welpen sogar schon einen Namen gegeben – Parvorotti: »Du schaffst das, kleiner Mann«, flüstere ich durch die Gitterstäbe und hoffe so sehr, dass ich recht behalte.

Thomas Busch ist Tierarzt, er leitet den Förderverein Arche Noah Kreta und den darin integrierten Tierärztepool. Er hat Parvorotti hierhergeholt. Seit 25 Jahren arbeitet der 55-Jährige nun schon auf der griechischen Insel, um Hunde und Katzen zu retten. Genauer: Um dafür zu sorgen, dass es Fälle wie Parvorotti irgendwann nicht mehr geben wird. Denn er und sein Tierärztinnen-Team führen seit vielen Jahren Kastrationsaktionen durch – nicht nur auf Kreta, sondern auch auf Rhodos, in Nordgriechenland, in Rumänien und auf den Kapverdischen Inseln. Kastrationen stellen natürlich einen starken Eingriff in den Körper des Tieres und seine Persönlichkeit dar, den man unter normalen Umständen gern vermeiden würde, doch sie könnten, da sind sich sowohl Wissenschaft als auch Tierschutz einig, das Streunerproblem überall binnen weniger Jahre und auf ethisch vertretbare Art und Weise lösen, sofern sie konsequent durchgeführt werden.

Seit 2015 hat der Tierärztepool insgesamt fast hunderttausend Tiere kastriert, jedes Jahr kommen bis zu 13 000 weitere Hunde und Katzen dazu. Das bedeutet, dass unzählige Welpen wie Parvorotti gar nicht erst geboren werden. Dass sie nicht an elenden Krankheiten sterben, nicht im Karton ausgesetzt oder im Müllcontainer entsorgt, nicht verhungern oder verdursten, dass sie nicht erschlagen, vergiftet, ersäuft, misshandelt oder angefahren werden. Dass sie nicht bis zum Ende ihres Lebens im überfüllten Zwinger eingesperrt oder in Tötungsstationen grausam umgebracht werden. Und das nur, weil sie das Unglück hatten, am Straßenrand eines Landes geboren zu sein, wo es

Tötungsgesetze für Streuner gibt. Weil sie in einem schlecht geführten Tierheim an einer der vielen Seuchen zugrunde gehen oder dort totgebissen werden. Oder weil sie keine Chance haben, ins Ausland vermittelt zu werden. Weil sie zu groß, zu alt, zu krank, zu schwierig sind oder schlicht, weil es beim besten Willen nicht möglich ist, alle Zwinger- und Streunerhunde dieser Welt dadurch zu retten, dass man sie nach Deutschland oder in ein anderes westeuropäisches Land vermittelt.

Adopt, don't shop?

Aber sorgt nicht jeder Rassehund, der aus der Zucht gekauft wird, am Ende dafür, dass ein anderer Hund auf der Straße, im Tierheim oder auf der Tötungsstation bleiben muss? Diese Ansicht findet sich auf vielen Weltrettungsblogs (auch von Leuten dort hineingeschrieben, die selbst gar keinen Hund haben), bei Futterherstellern und bei Tierschützerinnen. »Adopt, don't shop!« lautet die Kampagne. Das ist ein griffiges Motto, das sich auch auf T-Shirts und, kein Scherz, Einkaufstaschen findet. Wann immer in Hundeforen jemand nach einem Züchter oder den Eigenschaften bestimmter Rassen fragt, taucht dieser Spruch auf, oft vorwurfsvoll. Es stimmt ja: Auch die Anschaffung eines Hundes folgt – vermutlich sogar meistens – nach konsumistischen Prinzipien. Im Vordergrund stehen oft persönlicher Geschmack und Äußerlichkeiten, dazu der Wunsch nach möglichst rascher Bedürfnisbefriedigung. »Haben will« gepaart mit »Geiz ist geil«-Mentalität ergibt dann genau die gefährliche Mischung, die illegalen Welpenhändlern, zweifelhaften Vermehrern und profitorientierten Zuchtbetrieben in die Hände spielt. Sie sichert jenen, die Tierleid produzieren oder zumindest in

Kauf nehmen, gute Geschäfte. Nur: Helfen da moralische Schuldzuweisungen wirklich weiter?

Ich habe die längste Zeit genauso gedacht und war überzeugt: Sollte ich mal einen Hund haben, würde ich selbstverständlich einen irgendwoher retten oder irgendwo rausholen. Es kam anders. Ja, Toni ist ein Rassehund. Als wir uns erst einmal sicher waren, dass wir einen Hund haben möchten, haben wir lange nachgedacht. Schließlich wäre das eine Entscheidung für die nächsten 15 Jahre, die unser Leben gründlich ändern würde. Die Hundeerfahrung hingegen, die wir beide bis dahin gemacht hatten, war überschaubar wenige Monate alt. Wir hatten neue Freunde kennengelernt, auf deren Zwergmalteser Walter wir gelegentlich aufpassten. Diesen liebenswerten kleinen Hund hatten wir ins Herz geschlossen, er uns auch, und er zeigte uns, dass es sogar noch sehr viel schöner war, Zeit mit einem Hund zu verbringen, als wir uns das so vorgestellt hatten. Als Walter nach einem seiner Übernachtungsbesuche bei uns wieder zu unseren Freunden zurückkehrte, fehlte er uns plötzlich mehr, als wir erwartet hatten. Wir begannen, uns Gedanken darüber zu machen, wie es wohl wäre, wenn wir einen eigenen Hund hätten. Welcher würde wohl zu uns passen? Und andersrum: Welchem Hund könnten wir welche Bedürfnisse am besten erfüllen?

Aus tierrechtlicher Sicht kann man sagen, dass Hunde die einzigen Tiere sind, die unbedingt mit uns Menschen leben wollen und mit denen ein faires Zusammenleben relativ leicht möglich ist. Dazu gehört für mich auf jeden Fall, dass unser Hund so frei und selbstbestimmt wie nur möglich mit uns leben kann. In einer Mietwohnung im vierten Stock im Zentrum von München kam dafür also nicht jeder Hund infrage. Kein großer Hund durfte es sein, kein Hütehund, keiner mit ausgeprägter Jagdmotivation (Mäuse, Kaninchen und Rehe sind ja auch unsere Freunde). Aber auch kein allzu kleiner, der lieber dekorativ auf dem Sofa kuschelt, als durch den Wald zu flitzen. Ausgeschlossen war natürlich ein überzüchteter Modehund, der kein Hundeleben führen könnte, oder gar einer aus kriminellem Welpenhandel. Wir wollten keinen »Wühltisch-Welpen« von eBay. Wir wünschten uns einen gesunden, sportlichen, möglichst unkomplizierten und freundlichen Hund, mit dem wir viel gemeinsam unternehmen konnten. So stießen wir auf den Zwergschnauzer: ein »großer Hund im Kleinen«, wie man über ihn sagt.

Wir entdeckten schnell eine erfahrene Züchterin unweit von München und riefen sie an. »Was arbeiten Sie?«, fragte die als Erstes. »Wenn der Hund den ganzen Tag alleine bleiben soll, dann kriegen Sie keinen von mir.« Als sie erfuhr, dass wir beide überwiegend zu Hause arbeiten, lud sie uns zu sich ein. »Kommen Sie vorbei, schauen Sie sich alles an, lernen Sie meine Hündinnen kennen.«

So saßen wir kurz darauf auf ihrem Sofa und wurden uns sympathisch. Tonis künftige Mama Sarah kuschelte sich zwischen uns und ließ sich wohlig brummend das Bäuchlein kraulen, die beiden anderen Hündinnen Bibi und Amy saßen abwechselnd auf meinem Schoß. Sie leben nicht im Zwinger, sondern als Teil der Familie im Haus. Die Welpen wachsen im Wohnzimmer auf, haben Kontakt mit Menschen, werden so sozialisiert und auf den Alltag vorbereitet. Wir hatten, kurzum, einen sehr guten Eindruck von dieser Züchterin und ihren Hunden. Wir einigten uns darauf, dass wir beim nächsten Wurf einen Welpen bekommen würden. Und ja, wir wollten auch gern einen großziehen.

War das egoistisch und unverantwortlich? Ich finde nicht. Toni ist ein gesunder, von Anfang an gut sozialisierter Hund. Wir durften ihn und seine Geschwister regelmäßig besuchen, seit sie drei Wochen alt waren. Für ein schönes Hundeleben sind das nun nicht die schlechtesten Voraussetzungen. Dabei bin ich gar keine Anhängerin der Rassehundezucht, ich finde sie im Gegenteil höchst problematisch, wie ich später beschreiben werde. Aber sie hat, wenn sie seriös und hundegerecht ist (und möglicherweise ist das eher die Ausnahme als die Regel), einen Vorteil: Die Hunde haben rassetypische Eigenschaften, man weiß also zumindest ein bisschen, worauf man sich einlässt. Umso mehr, wenn man die Mutter kennt und vielleicht auch den Vater.

Vor unserer Entscheidung hatte ich mich auch auf der Homepage des Münchner Tierheims umgeschaut. Doch wir wären für keinen der dort aufgeführten Hunde infrage gekommen. Und umgekehrt. Die Hunde dieses Tierheims sollten fast ausschließlich an erfahrene Halter vermittelt werden, einige von ihnen waren sogenannte Sorgenkinder, also Hunde, die schon einmal gebissen hatten oder als »verhaltenskreativ« aufgefallen waren. Andere waren zu groß, zu alt oder nicht für die Stadt geeignet, sondern nur für ländliche Regionen, wieder andere waren sogenannte Listenhunde, die in Bayern als Kampfhunde gelten und für die daher ein Zuhause außerhalb Bayerns gesucht wurde. Anfänger wie wir wurden nicht fündig. An einen Hund aus dem Auslandstierschutz trauten wir uns aber auch nicht heran. Natürlich sind nicht alle Hunde aus dem Auslandstierschutz verängstigt, aggressiv, verhaltensgestört und/oder krank, wie die oft pauschale Kritik lautet. Viele, die vermittelt werden, sind gar keine klassischen Straßenhunde, sondern Familienhunde, die ausgesetzt wurden. Wahrscheinlich werden aus den meisten Tieren gute Partner, ich kenne genügend Beispiele aus eigener Anschauung. Aber es bleibt halt ein Überraschungspaket. Zumindest dann, wenn nichts oder wenig über die Vorgeschichte des Hundes bekannt ist. Manche sind ein unabhängiges Leben gewohnt und haben auf der Straße gelebt. Sie haben sich an die dort herrschenden sehr harten Bedingungen angepasst und mitunter Verhaltensweisen erlernt, die hier, vor allem in der Stadt und mit anderen Hunden, zum Problem werden können, an dem mit viel Geduld gearbeitet werden muss. Ehemalige Familienhunde, die ausgesetzt wurden – ein Schock für jedes dieser sozialen Tiere –, und solche, die Schlimmes in Tötungsstationen oder heruntergekommenen Tierheimen erlebt haben, bevor sie daraus befreit wurden, können von Ängsten geplagt sein. Dann ist es harte Arbeit, ihr Vertrauen zu gewinnen. Nicht jeder Tierschutzhund ist einfach nur dankbar, dass er gerettet wurde. Einen Hund in Sicherheit zu bringen bedeutet noch lange nicht, dass er fortan ein gutes Leben hat, sondern ist erst der Anfang. Für viele Hunde ist es eine Art Kulturschock, wenn sie zu neuen Menschen in eine völlig neue Umgebung kommen und dort »funktionieren« sollen. Es ist ein bisschen so, als würden wir aus der Großstadt mitten in den Amazonas-Regenwald katapultiert werden.

Auch das habe ich in meinem Hundeumfeld erlebt. Nur zum Beispiel die traurige Geschichte eines furchtbar netten Tierschutzhundes aus Kroatien. Doch der kam in der Stadt mit Autos, Lärm, Menschenmengen und Fahrrädern nicht zurecht – trotz intensiven und guten Trainings. Schweren Herzens entschieden sich die Besitzerinnen, ihn abzugeben. Jetzt lebt der

Rüde bei einer Familie auf dem Land; er hat großes Glück gehabt. Andere hingegen landen im Tierheim.

»Wer sich einen Hund aus dem Tierschutz holt, sollte auf alles gefasst sein. Meist weiß niemand so genau, was diese Hunde an Rucksäcken tragen. Schlechte Erfahrungen, keine Erfahrungen, Traumata«, sagt unsere Trainerin Isabel Boergen. Sie lehnt die Adoption von Tierschutzhunden keineswegs ab. Sie hat selbst einen. »Aber man sollte sich genau überlegen, ob man die Zeit, die mentale Stärke und das Geld hat, sich einer solchen Aufgabe zu stellen. Es ist eine Aufgabe, die Geduld, Wissen und vielleicht auch viel Hilfe von Veterinären und Trainern erfordert.« Wir haben uns diese Aufgabe einfach nicht zugetraut. Denn wir hatten keine tiefere Erfahrung mit Hunden als eben die mit Walter.

Als endlich der Tag gekommen war, an dem wir Toni abholen durften, fuhren wir mit Herzklopfen wie frisch verliebt zur Züchterin. Auf dem Weg nach Hause saß das kleine Bündel Hund mit besorgtem Blick auf meinem Schoß und schmiegte sich in die rosa Hundedecke, die nach seinen Geschwistern roch. Wir waren glücklich und voller Vorfreude auf unser neues Leben mit einem Vierbeiner, auf das wir uns schon seit Wochen, ach: seit Monaten vorbereitet hatten. Ich wäre nicht im Traum auf die Idee gekommen, dass das, was wir hier taten, irgendetwas mit »Shopping« zu tun haben könnte. Und natürlich ist Toni kein Konsumobjekt. Sondern eben unser Hund.

Ich finde, pauschal »Adopt, don't shop« zu fordern, ist zu einfach. Ähnlich wie der Appell zum ethischen Konsum, den ich ja schon lange kritisiere. Gegenseitige Schuldzuweisungen ändern nichts, sondern dienen nur der persönlichen Abgrenzung. Am Elend der Straßen- und Shelterhunde sind nicht die

Menschen schuld, die sich Welpen aus einer verantwortungsvollen Zucht zulegen, sondern schwache Tierschutzgesetze (oder deren laxe Umsetzung), verantwortungslose Hundehalter und Hundehalterinnen, organisiertes Verbrechen und, ganz generell, die immer noch weitverbreitete Verachtung von Tieren. Und damit, einzelne Hunde zu retten, ist es noch lange nicht getan. Zwar kommen jedes Jahr mindestens 30 000 Tierschutzhunde aus dem Ausland nach Deutschland – doch die Situation der Hunde vor Ort verbessert das nicht. Natürlich macht es einen gewaltigen Unterschied für jeden einzelnen Hund, der adoptiert wird, keine Frage. Aber für jeden Hund, der aus einem Shelter oder einer Tötungsstation vermittelt wird, rückt der nächste nach. Es ist ein Fass ohne Boden.

Die Empfehlung, einen Hund von »einer der unzähligen Tierschutzorganisationen im Internet« zu adoptieren, wie sie in manchen Artikeln oder Blogs zu lesen ist, halte ich sogar für fahrlässig. Wer würde denn sofort mit jemandem zusammenziehen, den er gerade einmal von einem Foto aus dem Internet und ein paar wohlklingenden Stichworten zu seiner oder ihrer Person kennt? Noch dazu sind diese »unzähligen Tierschutzorganisationen« keinesfalls alle vertrauenswürdig. Es gibt sogar Kriminelle, die das Geschäft mit dem Mitleid für sich entdeckt haben und entführte oder extra für den Handel gezüchtete Mischlingshunde als Tierschutzhunde ausgeben. Und längst nicht jede Vermittlung von Auslandshunden ist seriös, auch nicht jede von Herzen gut gemeinte. Es gibt auch Tierschutzorganisationen, die trotz bester Absichten unprofessionell arbeiten und Hunde mit allzu beschönigenden Charakter- und Verhaltensbeschreibungen vermitteln. Schlicht deswegen, weil sie so viele Hunde wie möglich »retten« und deshalb so schnell wie möglich vermitteln wollen. Aber nicht jeder ehemalige Streuner wünscht sich ein Leben in einer Zweizimmerwohnung in der Großstadt oder unter einem Büroschreibtisch. Das stellt sich aber oft erst dann heraus, wenn der Hund bereits in seinem neuen Leben angekommen ist und panisch auf Autolärm und Fahrräder oder gar Kinder reagiert. Sind die Hunde nicht ordentlich medizinisch untersucht und behandelt worden und stellt sich heraus, dass das Tier an Mittelmeerkrankheiten wie Leishmaniose, Ehrlichiose, Babesiose oder Parasiten wie Herzwürmern leidet, dann folgen hohe Tierarztkosten. Womöglich wird man sein Leben nach einem chronisch kranken Hund ausrichten müssen. Natürlich, gerade für kranke Tiere ist es besonders wichtig, jemanden zu finden, der sich ihrer annimmt und dafür sorgt, dass sie wieder gesund werden. Passiert das aber unverhofft und können sich ihre neuen Familien diese Kosten nicht leisten, oder stellt sich das Wesen dieses Hundes völlig anders dar, als es im Internet beschrieben war, und lässt einen dann noch die vermittelnde Tierschutzorganisation im Stich – so landet der Hund im Tierheim, ist von dort noch schwerer zu vermitteln und leidet noch mehr.

Manche Tierschützerinnen und Tierschützer lehnen die Auslandsvermittlung von Hunden deshalb komplett ab. Ich nicht, ganz im Gegenteil. Ich weiß, dass es für unzählige Hunde die einzige Chance ist. Sie können nicht darauf warten, dass es irgendwann einmal eine große Lösung gibt. Ich wünsche mir selbst immer noch, eines Tages einen Hund retten zu können. Und ich habe größten Respekt vor allen, die einem Hund aus dem Tierschutz eine zweite Chance geben. Jedenfalls dann, wenn es ihnen wirklich gelingt, diesem Hund das schöne Leben zu ermöglichen, das alle Hunde dieser Welt verdient haben. Aber damit das gelingt und das Elend der Hunde wirklich ein Ende findet, müssen wir ehrlich mit uns selbst und auch kritisch mit dem Thema Auslandstierschutz umgehen.

Deshalb wollte ich mir vor Ort die Situation in Ländern anschauen, in denen es Straßenhunde gibt. Ich wollte wissen: Was ist guter, was ist schlechter Tierschutz? Wie lassen sich Probleme vor Ort wirklich lösen? Wann ist eine Auslandsvermittlung sinnvoll und wann nicht? Und was wäre ein gutes Leben für Streuner?

Auf der Suche nach kritischen Tierschützern stieß ich auf den Tierärztepool und Thomas Busch. Ich schrieb ihm eine Mail, woraufhin er mich sofort anrief. Und mich einlud, eine Kastrationsaktion seines Teams auf Kreta zu besuchen. »Ach, weißt du, was? Ich habe noch eine viel bessere Idee: Unser Transporter muss nach Deutschland zum TÜV. Wir können dann zusammen zurück nach Deutschland fahren und uns die Situation der Hunde in Nordgriechenland anschauen und unser Projekt in Rumänien. Was meinst du, hast du Lust?«

Hatte ich, und wie! Und so saß ich einen Tag, nachdem wir aus dem Urlaub zurückgekommen waren, im Flugzeug nach Kreta.

Ein neues Leben

Thomas holt mich am Flughafen Heraklion ab, wir fahren nach Rethymnon, einer Hafenstadt im Norden Kretas. Dort steht sein Tierärztinnenteam schon seit den frühen Morgenstunden am OP-Tisch, um Hunde und Katzen zu kastrieren. »Als ich vor zwanzig Jahren hier am Strand herumlief, da streunten Hunderte Hunde herum«, erzählt Thomas. »Eine läufige Hündin hatte immer zwanzig Rüden um sich herum, die zogen dann wild durch die Stadt.« So was gibt es hier auf der Insel schon lange nicht mehr. Allein in Griechenland hat der Tierärztepool seit 2015 rund 60 000 Hunde und Katzen kastriert, die meisten davon, fast 40 000, auf Kreta. Auf der gut einstündigen Fahrt noch weiter in den Westen der Insel sehen wir keinen einzigen Straßenhund. Das heißt allerdings nicht, dass es sie gar nicht mehr gibt: Gerade in den Dörfern lassen viele Besitzer ihre Hunde frei herumlaufen. Sind die nicht kastriert, sorgen sie weiterhin für unerwünschte Welpen, die dann oft ausgesetzt werden. »Es gibt viele Dörfer auf Kreta, da sind alle Tiere kastriert. Das ist ein riesiger Erfolg.« Aber der reicht Thomas Busch noch lange nicht. »Ich bin hier erst fertig, wenn ich keine Welpen mehr neben oder in einer Mülltonne finde.«

Eigentlich wäre die Sache ja ganz einfach: Die Zahl von Straßenhunden in einem Gebiet ist immer gleich groß. Sie hängt davon ab, wie viel Ressourcen sich den Tieren bieten, also Nahrung, Wasser und sichere Unterschlüpfe. Entnimmt man dieser Population nun Tiere, indem man sie entweder von der Straße »rettet« und ins Ausland vermittelt, in Heimen einsperrt oder sie umbringt, werden Ressourcen frei. Die Hunde vermehren sich stärker, und es kommen neue Tiere von außen dazu – in der Regel ausgesetzte Hunde. Und der Kreislauf beginnt von vorne. Werden aber die Streuner-Gruppen eingesammelt, kastriert, geimpft und wieder in ihrem Revier freigelassen, bleibt die Population stabil. Irgendwann wären die Hunde dann von der Straße verschwunden. »Catch, Neuter & Release« nennt sich diese Tierschutzstrategie, die sich überall dort bewährt, wo sie so konsequent wie nur möglich angewendet wird. Würde man also alle Straßenhunde und freilaufenden Hunde kastrieren, wäre das Problem innerhalb einer Hundegeneration gelöst. Wenn nicht, vermehren sich die Hunde rasant: Zweimal im Jahr kann eine Hündin bis zu acht Junge bekommen. Überleben davon vier Welpen und vermehren sich diese und ihre Nachkommen ungebremst weiter, dann gibt es theoretisch im ersten Jahr acht Hunde, im zweiten 64, in vier Jahren 4096, in sechs Jahren 262 144, in acht Jahren 16 777 216 und nach zehn Jahren rein rechnerisch über eine Milliarde Hunde. Eine. Milliarde. Hunde.[70]

Am Ende der engen Straße zum Hang hin öffnet sich ein Metalltor. Wir sind im New Life Resort angekommen. So heißt das schöne, von Olivenbäumen und Oleander umstandene Steinhaus, das der Tierärztepool gemietet hat. Hier lebt das Team, wenn es auf Kreta Kastrationsaktionen durchführt. Ein zotteliger, rotbrauner Hund wackelt auf uns zu, beäugt uns misstrauisch und folgt uns nervös über das Gelände. »Bei dem musst du aufpassen«, sagt Thomas, »der lässt sich ungern anfassen.« Tassos, so heißt der kniehohe Mischling, wurde von Tierschützerinnen angebunden und völlig vereinsamt vor dem Eingang einer Höhle gefunden. Es mag zwar kaum mehr Streuner geben, aber Hundeelend gibt es weiß Gott genug hier. Die grausame Sitte etwa, Hunde mitten im Nichts an die Kette zu legen, um Schafe daran zu hindern, bestimmte Wege zu laufen. Hunde, die nichts anderes sind als Ersatz für einen Zaun. Das bedeutet für soziale Tiere, die sie sind, nicht nur seelische Qual. Sie sind oft ohne Schutz der Hitze, Regen und Kälte ausgesetzt, leiden an Hunger und Verletzungen. Der Tierärztepool kümmert sich nicht nur um Kastrationen, sondern hilft auch verletzten und kranken Tieren. Hier im New Life Resort werden sie wieder gesund gepflegt, aufgepäppelt und via Pflegestellen nach Deutschland vermittelt. Thomas hat diesen Ort mit Helferinnen und Helfern zu einem Paradies für Tiere umgebaut. Es gibt viel Platz für das Team, ein Lager für wichtige Gerätschaften, Futter und Decken, eine Quarantänestation, ein Katzenspielhaus und einen großzügigen Hundezwinger. Als ich da bin, tummeln sich darin drei Hunde: Rex, Buddy und die hübsche Ylva, eine Husky-Mischlingsdame. Sie wurde völlig abgemagert aufgefunden und war an Leishmaniose erkrankt, Buddy und Rex waren ausgesetzt worden. Es sind drei liebenswerte und fröhliche Hunde, ich darf sie füttern und streicheln und freue mich, dass zumindest der nette Rex schon ein Zuhause gefunden hat. Niemand soll übrigens wissen, wo das New Life Resort steht. »Sonst haben wir hier die Kartons mit Welpen vor der Türe stehen«, sagt Thomas, »und ich will kein Tierheim haben, nie mehr.« Er sagt das immer wieder. Und er hat gute Gründe dafür.

Die griechische Tragödie

Wir machen uns auf den Weg nach Chania im Nordwesten der Insel und in Thomas' Vergangenheit. Er kam vor etwa 25 Jahren nach dem Studium hierher und engagierte sich bei einer deutschen Auswanderin, die in Chania ein Tierheim betrieb. Oder, wenn man Thomas' Worten lauscht: ein Horrorkabinett. »Da unten rechts, das ist das Nachfolgetierheim. Wir mussten das ursprüngliche Heim damals räumen, versuchten überall, was zu finden, wo wir mit unseren Tieren unterkommen konnten, renovierten das städtische Tierheim, wurden aber immer wieder vertrieben. Das hier ist eines von zwei Heimen in Chania. Kannst du was sehen?« Im Vorbeifahren erkenne ich unterhalb der Hauptstraße ein Gelände mit Zäunen und Blechdächern und sehe ein paar wenige Hunde über den Hof laufen. Damals, so erzählt Thomas, hätten in dem ersten Tierheim sechshundert Hunde gehaust. Ohne medizinische Grundversorgung, gefüttert mit Hotelabfällen samt Orangenschalen, Holzspießen und Olivenkernen, mit verfaulenden Schlachtabfällen, schimmligem Brot, abgelaufenen Milchprodukten oder »gespendetem« Trockenfutter voller Ungeziefer. Die Tiere lebten auf der nackten Erde, wo sich Krankheiten wie Parvovirose und Staupe lange halten, und bei Regen im Matsch. »In schlechten Monaten starben dort fünfzig bis siebzig Hunde an Krankheiten oder an Hunger«, erzählt Thomas. Ängstliche Hunde hätten sich nicht aus den Hütten getraut (sofern sie überhaupt welche hatten) und seien verhungert. Schwer verletzte Tiere, etwa durch einen Autounfall oder mit gebrochenem Bein, wurden nicht professionell versorgt. Beißereien zwischen den gestressten, frustrierten und übermüdeten Hunden forderten weitere Tote, »es war absolut grausam«.

Es klingt verrückt, aber genau solche Höllen können aus Tierliebe entstehen. So auch die in Chania. Oft gehen sie auf Initiativen von Menschen mit einem großen Herzen zurück, die im Urlaub überwältigt werden vom Elend der Hunde und etwas dagegen unternehmen wollen. Eine deutsche Tierschützerin hat dieses Tierheim in den Neunzigerjahren mit viel gutem Willen und wenig Ahnung eingerichtet und war damit schnell heillos überfordert. »Tantentierschutz« nennt Thomas das. »Was machst du, wenn du einen Karton mit Welpen neben einem Mülleimer siehst? Du nimmst ihn mit«, sagt Thomas. »Dann lässt du sie im Garten laufen und denkst, das wird schon klappen. Dann findest du den nächsten leidenden Hund und packst ihn dazu, du denkst, den schaff ich jetzt auch noch. So fängt das an, so geht das weiter. Dann baust du einen Zaun um dein Grundstück, und ruckzuck hast du ein Tierheim zusammengesammelt, mit dem du untergehst.« Er redet sich in Rage. »Wenn die Hunde drinnen nicht kastriert werden, geht die Vermehrung da weiter, und jenseits des Zauns steht eine Hündin, da kannst du zuschauen, wie der Bauch jeden Tag dicker wird und der nächste Nachschub für dein Heim schon garantiert ist.« Thomas sagt, er habe sogar erlebt, dass gesunde Hunde, vermutlich Privattiere, von der Straße weg in ein solches selbst gebautes Heim gesperrt wurden. Dort infizierten sie sich mit Krankheiten, magerten ab bis auf die Knochen oder starben sogar.

Thomas hat viele solcher Heime gesehen und schätzt, dass ein großer Teil der im Ausland geführten Heime bis heute defizitär oder nicht effektiv geführt wird, »mal mehr, mal weniger existenzbedrohend für die Insassen«. Fünfzehntausend Fotos hat Thomas von solchen Sheltern gesammelt, sie zeigen Zustände, die mehr nach Animal Hoarding aussehen als nach Tierschutz. Seine Erfahrungen in solchen Tierheimen hat er vor ein paar Jahren in einem Artikel mit dem Titel »Tierheime töten« zusammengefasst.[71] Denn guter Wille und ein Herz für Tiere reichen nicht aus, um zu helfen. Hunde einfach nur von der Straße einzusammeln, mag ihnen kurzfristig das Leben retten, gefährdet es aber langfristig, wenn kein Geld da ist, um sie gut unterzubringen, zu versorgen und medizinisch zu betreuen. »Von den flehentlich erbettelten Spenden werden aber wieder nur die Heime erweitert und noch mehr Tiere aufgenommen«, erzählt Thomas. Schließlich würden die Hunde auf Teufel komm raus nach Deutschland vermittelt. »Aber du kannst so viele Hunde verschicken, wie du willst, das ändert nichts vor Ort, das ist wie mit einem Boot, in dem ein Loch ist. Da kannst du Wasser rausschöpfen, bis dir der Arm abfällt. Oder du drückst einen Stöpsel rein.« Wir fahren jetzt entlang der Mauer eines weiteren Shelters, dem städtischen Tierheim von Chania. »Siehst du die Palme dort? Die habe ich damals gepflanzt.« Ich schaue auf einen ziemlich hohen Baum und höre den leicht wehmütigen Klang in Thomas' Stimme.

Nach einer Fernsehdokumentation bekam der Verein, dem er zu diesem Zeitpunkt angehörte, so viele Spenden, dass er das städtische Tierheim in Chania übernehmen und renovieren konnte – mit Tierklinik und höchsten Tierschutz- und Hygienestandards. Traumbedingungen für Thomas und die Tiere, zum ersten Mal, doch es kam zum Bruch mit den Tierschützerinnen und dem Verein, und so kehrte er schließlich dem »Sammel-Tierschutz« den Rücken. Seither konzentrieren sich Thomas und sein Team auf medizinischen Tierschutz, vor allem eben auf Kastrationen.

»Dieser Ort ist geschlossen. Wir nehmen keine weiteren Tiere mehr auf. Wenn Sie Tiere draußen aussetzen, werden sie nicht aufgenommen. WERFEN SIE KEINE TIERE HEREIN!« Diese Worte stehen auf Griechisch in großen, roten Buchstaben auf einem Schild am Zaun. Wir stehen vor dem Tierheim, auf das wir vorhin schon von der Straße aus herunterblickten. Es ist heute das Souda Shelter Project. Die Tierschützerin, mit der Thomas seine Arbeit einst begonnen hatte, hat diesen Ort vor ein paar Jahren in desaströsem Zustand sich selbst überlassen, unbezahlte Arbeiterinnen und Arbeiter inklusive.

Dann hat Liz Iliakis sich der mehr als 250 Hunde angenommen und das Souda Shelter Project gegründet. Die griechisch-amerikanische Tierschützerin ist eine imponierende Frau, sie ist klug, empathisch und entschlossen – und sie macht einen guten

Job: Nur noch 85 Hunde sind im Shelter, den Großteil konnte sie bereits vermitteln. Sie nimmt keine gesunden Hunde auf, allenfalls noch kranke und verletzte, die hier versorgt werden. Alle Hunde kommen erst in Quarantäne. So hat Liz die Parvovirose im Shelter besiegt; seit Jahren gab es keinen Fall mehr. Dann werden sie kastriert, geimpft und, wenn nötig, behandelt und gesund gepflegt und schließlich vermittelt. Die Hunde, die hier herumlaufen und uns begrüßen, sind alle in einem guten Zustand.

Liz hatte Thomas um ein Treffen in Chania gebeten, um mit ihm über eine mögliche Kastrationsaktion zu sprechen. Bei der Gelegenheit wollte sie Thomas ihr Projekt zeigen. Thomas, die schrecklichen Bilder von damals noch im Kopf, war anfangs reichlich skeptisch. Aber dann ist er sichtlich beeindruckt. Und ich bin froh, dass ich auch einen Eindruck davon erhalte, was ein gutes Tierheim sein kann. Natürlich gibt es diese auch. Aber zu erkennen, wer wirklich Tiere rettet und ihnen hilft – oder doch nur sich selbst –, ist manchmal gar nicht so leicht.

In meiner journalistischen Arbeit habe ich mich, seit ich Bücher schreibe, vor allem darauf konzentriert, das »falsche Gute« zu entlarven und zu kritisieren. Ich bin überzeugt davon, dass genau dieses »falsche Gute« echte Veränderung blockiert. Seit vielen Jahren beschäftige ich mich mit Greenwashing, also dem Versuch von Großkonzernen, ihr schädliches Kerngeschäft unter einem grünen Mäntelchen zu verstecken und ihren Konsumentinnen und Konsumenten ein gutes Gewissen zu verkaufen. Ich habe mich in Indonesien auf die Suche nach nachhaltigem Palmöl gemacht, das in so vielen Produkten angeblich steckt. Ich habe es nirgends gefunden – stattdessen abgeholzten und abgebrannten Urwald, Menschenrechtsverletzungen bis hin zu Mord, Landraub, Sklavenarbeit und gefährliche und ausbeuterische Kinderarbeit bei exakt jenen Firmen und ihren Zulieferern, die nachhaltig zertifiziertes Palmöl in alle Welt verkaufen.[72] Ich habe hinter die Kulissen der Tafeln geschaut, die, unter großem Applaus der Gesellschaft, weggeworfene Lebensmittel an Arme verteilen, deren Sozialleistungen und Löhne nicht einmal dafür reichen, Essen zu kaufen. Ich habe in Bangladesch mit Dutzenden Frauen gesprochen, die alles verloren haben, weil sie wegen Mikrokrediten noch tiefer in die Armut gerutscht sind. Die Idee, Armen auch noch Bankschulden aufzudrängen, wurde in den reichen Ländern des Nordens gefeiert, der Juweliersohn und Banker Muhammad Yunus bekam dafür sogar den Friedensnobelpreis.[73] Und ich habe Indigene getroffen, die aus ihrem Wald vertrieben wurden, weil große westliche Naturschutzorganisation bis heute glauben, dass die Natur vor Menschen, die in und mit ihr leben, mehr geschützt werden muss als vor Bergbaufirmen, Öl- und Agrarkonzernen.

Bei all diesen Recherchen habe ich zwar himmelschreiende Ungerechtigkeit, tiefes Elend und furchtbare Zerstörung gesehen, aber immer auch Menschen kennengelernt, die diese Missstände benannten, ihre Stimme erhoben, solidarisch gegen Unrecht kämpften und sich zusammenschlossen, um ihren Forderungen Nachdruck zu verleihen. Tiere können das nicht. Das macht den Tierschutz manchmal ambivalent. Selbst diejenigen, die den Tieren mehr schaden als helfen, können sich moralisch überhöhen und sich zu edlen Retterinnen und Rettern stilisieren. Die Tiere können ihnen ja nicht widersprechen oder eine Gewerkschaft gründen. Sie sind ihnen auf Gedeih und Verderb ausgeliefert. Auch deswegen war es mir so wichtig herauszufinden, was guter und was schlechter Tierschutz ist.

Auf dem Rückweg nach Rethymnon halten wir in der kleinen Gemeinde Kalyves. Am Ende eines Schotterweges steht ein längliches, weiß gekalktes Gebäude, davor Gehege und Zäune. Auf dem nackten Lehmboden befinden sich provisorische Hundehütten, über Gattern ausgebreitete Planen dienen als Sonnen- und Regenschutz. Ich zähle zehn Hunde an diesem einsamen und traurigen Ort mitten im Nirgendwo, auf den die Augustsonne unerbittlich herunterbrennt. Thomas kontrolliert die Wassernäpfe; sie sind voll, immerhin. »Hier hat sich schon einiges verbessert«, sagt er. Ich bin überrascht, das zu hören, denn ich finde den Anblick erschütternd. Kein Vergleich allerdings zu dem, was Thomas und seine Kolleginnen im vergangenen August hier vorgefunden hatten. Das Gebäude – ein ehemaliger Schafstall – stellte die Gemeinde dem Tierärztepool 2016 zur Verfügung, mehr als 1500 Straßentiere hat er seither hier kastriert. Doch im Coronasommer 2020 musste Antonia Xatzidiakou, die als griechische Tierärztin vor Ort für den Tierärztepool arbeitet, eine Kastrationsaktion abbrechen. Zu sehr war der Raum während der Pandemie verwahrlost, es lag Müll herum, und es gab jede Menge Ratten. 23 Hunde lebten dort in einem erbärmlichen Zustand: Einige von ihnen waren so übersät von Zecken, dass sie an Blutmangel litten. Eine Hündin hatte einen Tumor am Bauch, der doppelt so groß war wie ihr Kopf, eine andere humpelte. »Das hat mich während der drei Wochen, die wir hier waren, nicht mehr losgelassen«, sagt Thomas.

Am Morgen des Tages, an dem das Team wieder nach Deutschland zurückreiste, fuhr er nach Kalyves und vereinbarte mit dem Bürgermeister, dass der OP-Raum saniert und die Hündin mit dem Tumor operiert würde. »Im Gegenzug evakuierten wir die Hunde.« Dreizehn Hunde nahm der Tierärztepool vorübergehend im New Life Resort in Obhut und vermittelte sie von dort nach Deutschland. Bis auf drei extrem ängstliche Tiere folgten die restlichen ein paar Wochen später. Nun kümmern sich der Tierärztepool und ein von der Gemeinde bezahlter Arbeiter um die zurückgebliebenen Tiere. »Allerdings unter der Bedingung, dass hier kein weiterer Hund aufgenommen und das Tierheim dann geschlossen wird.«

Thomas zwinkert, als er das sagt, denn er weiß, dass es sich nicht einfach so umsetzen lässt. Wenn sich Bürgerinnen und Bürger über Straßentiere beschweren, muss die Gemeinde erneut handeln. Also wird es hier wohl immer Tiere geben. »Aber durch diese Aktion haben wir und der Bürgermeister uns einander angenähert und wissen, dass wir uns aufeinander verlassen können. Das ist keine Selbstverständlichkeit in Griechenland.«

Eine solche größer angelegte Notfallvermittlung ist allerdings eher die Ausnahme. »Wir könnten bestimmt vielen Tierheimen hier auf diese Weise helfen«, sagt Thomas. Aber wo soll man anfangen und wo aufhören? »Irgendwann hätten wir keine Zeit mehr für unsere Kastrationen.«

»Sagen wir, ich bekäme als Tierschützer eine Million Euro gespendet. Was mache ich damit?«, sinniert Thomas, als wir wieder im Auto sitzen. »Baue ich ein Tierheim? Und wenn ja: Versuche ich dann, lieber wenige Hunde zu retten, die versorge ich dann aber richtig gut? Oder versuche ich, jeden zu retten? Dann ist die Million schnell weg. Oder mache ich davon richtig viele Kastrationen, um das Elend von morgen zu verhindern?« Das ist ja immer das Dilemma der Hilfe: Wenn das Elend nur gelindert oder sogar nur verwaltet wird, wird sich nichts grundsätzlich verbessern, eher noch verschärfen sich die Probleme. Alleine auf die Beseitigung der Ursache zu pochen oder auf die große politische Dimension, lässt aber diejenigen zurück, die dringend und akut Hilfe brauchen. Die Menschenrechtsorganisation Medico International benennt diesen Spagat so: »Hilfe verteidigen, kritisieren und überwinden.« Diesen Ansatz sehe ich auch beim Tierärztepool – und ich finde ihn absolut überzeugend.

40 Operationen an einem Tag

Ich muss die Luft anhalten, weil es in dem kleinen Transporter so sehr stinkt. Das fällt mir schwer, denn ich muss lachen, so schräg ist die Situation. Hinter meinem Sitz stapeln sich bis unters Wagendach Transportboxen mit Katzen, die in allen Oktaven maunzen und miauen. Nach jeder Kurve stinkt es ein bisschen mehr nach Katzenscheiße. Und es sind viele Kurven bis zu der Klinik, in der die Tierärztinnen Melanie Stehle und Sarah Schneider arbeiten. Heute werde ich ihnen den ganzen Tag dabei zuschauen.

Der Tierärztepool ist auf Kreta mit rund 100 Tierschützerinnen und Tierschützern vernetzt. Sie fangen die Katzen und Hunde ein, die kastriert werden sollen, holen sie wieder ab, beherbergen sie über Nacht und setzen sie anschließend frei. Und sie entdecken immer wieder Tiere, die Hilfe brauchen. Gestern waren das Parvorotti, der an Parvovirose erkrankte kleine Welpe, und Lou, ein winziges Katerchen, das durch einen Autounfall verletzt wurde und außerdem durch Katzenschnupfen erblindet war. Ihm musste ein Auge herausoperiert werden, das zu platzen drohte, sein winziges Hinterbein wurde in einen Gips gepackt. Jetzt wird er im New Life Resort gesund gepflegt.

Wir laden die Katzenkisten aus und stapeln sie in der Gemeindeklinik von Rethymnon aufeinander. Das Gebäude ist eine gute halbe Autostunde entfernt, die Gemeinde stellt es dem Tierärztepool zur Verfügung. An mindestens drei Tagen im Monat wird hier operiert. Insgesamt arbeiten acht Tierärztinnen und sieben Assistentinnen und Assistenten für den Tierärztepool. Nachdem es kaum mehr Straßenhunde auf Kreta gibt, aber jede Menge Straßenkatzen, hat sich die Arbeit des Tierärztepools verlagert.

Christina Schomann, die tiermedizinische Fachangestellte, setzt die Katzen in sogenannte Quetschboxen um. Das klingt fies, aber es sind nur Drahtkäfige, in denen es einen Schieber gibt, mit dem man die Tiere sanft Richtung Gitter bewegen kann. So können sie in Narkose gelegt werden, ohne dass jemand sie anfassen muss. Nach der Betäubung werden ihnen ein Schmerzmittel und ein Antibiotikum gespritzt, der Bauch wird rasiert und desinfiziert, und über einem Eimer wird die Blase entleert. Dann übernimmt Melanie die Tiere. Melanie ist schon seit heute Morgen hier, sie steht manchmal bis zu zwölf Stunden am OP-Tisch. Hinter ihren Füßen liegt zusammengerollt Pelle Papandakis. Der kleine Mischlingsrüde war von seiner Familie, nachdem diese ein Baby bekommen hatte, im Tierheim von Ierapetra im Südosten der Insel abgegeben worden und verstand die Welt nicht mehr. Melanie und Thomas sprechen das Wort Tierheim nur mit hörbaren Anführungszeichen aus, denn es ist ein ehemaliger Schlachthof. Auch hier hatte der Tierärztepool Hunde evakuiert, unter anderem eben Pelle Papandakis, der Melanie nun nicht mehr von der Seite weicht.

Melanie fixiert die Tiere auf dem OP-Tisch und setzt einen winzigen Schnitt, holt mit einem dünnen Haken Gebärmutter und Eierstöcke heraus, knipst sie ab, näht zu, schneidet ein kleines Eck ins Ohr (damit man sie als kastriert erkennen kann) und gibt noch ein Spot-on gegen Flöhe und Zecken aufs Fell. Zehn Minuten braucht Melanie pro Katze, Kater gehen schneller. Hündinnen und Rüden dauern etwas länger. Auch Hündinnen werden kastriert, nicht sterilisiert, das heißt, ihnen werden Eierstöcke und Gebärmutter herausgenommen, damit sie nicht mehr an der gefürchteten eitrigen Gebärmutterentzündung, der Pyometra, leiden können. Bis zu sechzig Tieren an einem Tag operieren sie hier. Ich bin beeindruckt, wie reibungslos das funktioniert und wie herzlich das Team miteinander und mit den Tieren umgeht. Selbst im größten Stress wird niemand herumkommandiert, fällt kein harsches Wort, entsteht kein Chaos, und die Tiere werden immer behutsam angefasst. »Wir sind eine Familie«, hat Thomas schon am Telefon gesagt, und was oft wie eine Floskel klingt, stimmt hier wörtlich: Melanie ist Thomas' Lebensgefährtin, ihr neunjähriger Sohn ist dabei und hilft, die Katzen umzusetzen. Christinas Schwester ist ebenfalls für ein paar Tage gekommen, um zu helfen, auch Thomas' ehemalige Schwiegermutter ist mit an Bord, und bis vor ein paar Tagen war auch sein ältester Sohn Dante dabei, um einen Film über die Arbeit hier zu drehen. Auch Michael aus Düsseldorf, ein Sponsor, der die Arche Noah Kreta schon lange unterstützt, ist diesmal mitgekommen. Thomas hat ihn eingeladen, sich das Projekt anzuschauen, weil er findet, dass sich alle, die für den Tierschutz spenden, gut informieren sollen, wofür sie ihr Geld ausgeben.

Draußen hält ein Polizeiwagen. »Wäre nicht das erste Mal«, sagt Melanie etwas nervös. Es ist nicht so, dass der Tierärztepool von Anfang an herzlich willkommen gewesen wäre. Es gab bürokratische Hürden. Anfangs hieß es, es müsse immer ein griechischer Tierarzt die OPs begleiten. Genehmigungen für weitere Tierärztinnen und Tierärzte, die Thomas beantragt hat, liegen seit Jahren unbeantwortet bei der griechischen Tierärztekammer. Es gab Argwohn bei den lokalen Kolleginnen und Kollegen, die Sorge hatten, der Tierärztepool nähme ihnen Geld und Arbeit weg. Ein Problem, das der Verein löste, indem er sich an den Kosten für Kastrationen beteiligt: Er gibt den Privatleuten, gerade aus der ärmeren Bevölkerung, einen Zuschuss, wenn sie ihr Tier bei einer oder einem der ortsansässigen Tierärztinnen und Tierärzte kastrieren lassen. So hat er die Medizinerinnen und Mediziner ins Boot geholt und die Kastrationen von Privattieren vorangebracht. Die nämlich darf der Tierärztepool laut griechischem Gesetz nicht kastrieren.

Mittlerweile erhält der Tierärztepool auch Unterstützung von den Gemeinden. Dort wird die Arbeit des Vereins geschätzt. Denn sie sehen, dass sich etwas verändert hat. Auch der Polizist ist einzig aus dem Grund vorbeigekommen, um seine Katzen kastrieren zu lassen. Und wenig später klopft der Sekretär des Bürgermeisters an und sagt: »Sie haben Rethymnon gerettet!« Aber natürlich ist letztlich die Gemeinde für den Tierschutz verantwortlich und müsste ihn, gäbe es den Verein nicht, auch bezahlen. Was aber, gerade in Zeiten von leeren Kassen, nahezu nirgends gemacht wird.

Die operierten Katzen werden wieder in die Kisten gelegt und an den Wänden gestapelt – versehen mit einem Zettel, auf dem alle Daten der Tiere stehen. Später werden sie von den

Tierschützerinnen abgeholt, eine Nacht beherbergt und schließlich dort wieder freigesetzt, wo sie eingesammelt worden waren. Erst einmal aber werden noch weitere Tiere gebracht. Immer wieder stehen draußen Tierschützerinnen, den Kofferraum voller neuer Katzenkisten. Sie bringen auch Kaffee mit und Eis. Auf dem Boden liegen Hündinnen und Rüden auf Decken: ehemalige Straßenhunde, die in Griechenland ein Zuhause gefunden haben. Ihre Besitzer und Besitzerinnen sind verpflichtet, sie kastrieren zu lassen, das schreibt das neue Tierschutzgesetz vor. Es ist anrührend, wie sie ein bisschen verloren dort liegen und matt mit dem Schwanz wedeln, wenn sie ihre neuen Frauchen und Herrchen sehen. Hier wacht auch der Rüde aus der Narkose auf, den am Morgen eine britische Tierschützerin vorbeigebracht hat. Der Labrador hatte ein Huhn gerissen, sein Besitzer wollte ihn dafür vom Hof jagen. Bestenfalls. Die Britin hatte sich den Rüden geschnappt und versprochen, den Hund zur Kastration zu bringen – in der Hoffnung, dass es sich der Besitzer des Hundes nun noch mal überlegen wird. »Man muss mit den Leuten reden, reden, reden, sonst ändert sich nie etwas«, sagt sie. Selbst wenn alle Tiere hier kastriert wären – zu tun gäbe es immer noch genug.

Ich muss zugeben, dass ich am Morgen noch Angst gehabt hatte, Grausamkeiten gegen Tiere sehen zu müssen, die mich an den Menschen zweifeln lassen würden. Mit solchen Fällen sind die Tierärztinnen hier fast jeden Tag konfrontiert. Hunde mit gebrochenen oder zerschlagenen Beinen oder solche, die angefahren im Straßengraben liegen. Hunde, denen die Kette, an der sie gehalten werden, in den Hals hineingewachsen ist. Hunde, die mit der Schrotflinte angeschossen wurden, und solche, die verprügelt und misshandelt worden sind. Unterkühlte, halb verdurstete, von Maden, Flöhen und Zecken übersäte Welpen.

Vergiftete Tiere. Welpen mit Parvovirose, die den Tierärztinnen unter den Händen wegsterben. Melanie hat all das nicht nur ein Mal gesehen, und sie hat vielen, vielen das Leben gerettet. Heute das einer Katze, die an einer fortgeschrittenen eitrigen Gebärmutterentzündung litt. In Erinnerung, sagt sie, bleiben ihr leider meist nur die traurigen Fälle, bei denen sie nicht mehr helfen konnte.

Es ist der letzte Tag. Die provisorische Klinik wird abgebaut, medizinisches Gerät in Metallkisten gepackt und ins Auto gebracht. Mehr als 40 Tiere sind heute kastriert worden. Zahllos die Hunde und Katzen, die nun nicht mehr in elende Situationen hineingeboren werden müssen. Jede Kastrationsaktion bleibt ein Wettlauf gegen die Zeit, um so viel Leid zu verhindern wie nur möglich. Das Team ist erschöpft. Morgen ist Abflug für die meisten. Ich bin froh, dass auch ich wenigstens ein bisschen etwas tun kann: mich um das Abendessen kümmern. Als ich das Gemüse in den Ofen schiebe, höre ich Melanies Sohn aus dem Untergeschoss aufschreien: »Lou ist tot!« Das halb blinde Katerchen hat es nicht geschafft. Wahrscheinlich wurde bei dem Unfall auch seine Milz verletzt. Bittere Tränen fließen. Wo wir doch heute noch alle unsere Holzstiele vom Eis gesammelt hatten, um sein Beinchen besser zu schienen, damit er sich nicht mit dem großen Gips abmühen muss. Jetzt bleibt für ihn nur noch ein kleines Grab auf dem Tierfriedhof hinter dem New Life Resort. Das ist es, was Melanie meinte, als sie die Situation in Griechenland als »unmögliche Treppe« beschrieb. Diese optische Täuschung, die man von der berühmten Lithografie von M.C. Escher kennt: ein ewiger Anstieg, doch immer wenn man meint, man sei oben angekommen, stellt man fest, dass man wieder auf der untersten Stufe steht.

Düstere Vorboten

Stumm schauen wir aus dem Autofenster auf die Zerstörung. Auf braunen Hügeln stehen schwarz verkohlte Baumskelette. Brandgeruch dringt zu uns herein. Es ist früher Morgen, wir fahren auf einer geisterhaft leeren Straße von Athen Richtung Thessaloniki. Bis vor ein paar Tagen haben hier schlimme Feuer gewütet. Ob wir nach den Waldbränden überhaupt unsere geplante Route nach Nordgriechenland würden nehmen können, ist noch am Abend zuvor ungewiss gewesen, als Thomas und ich Kreta verlassen haben. Jetzt trifft mich der Anblick der verbrannten Bäume tief. Zum einen, weil ich übermüdet bin. Auf der Fähre nach Athen haben Thomas und ich kaum ein Auge zugemacht. Wir schliefen an Deck, weil keine Kabine mehr für die nächtliche Überfahrt zu bekommen gewesen war. Die ganze Nacht tobte ein Sturm und zerrte an unseren Schlafsäcken – und an unseren Nerven. Zum anderen, weil ich weiß, dass das Hundeelend, auf das wir nun auf unserer weiteren gemeinsamen Reise treffen werden, immer größer werden wird. Die abgebrannten Wälder scheinen mir düstere Vorboten zu sein.

»Auf Kreta ist die Situation, was die Straßenhunde betrifft, eigentlich schon sehr gut«, hatte Thomas gesagt, als wir zum ersten Mal telefonierten. »Wenn du sehen willst, wie es dort früher aussah, musst du nach Nordgriechenland fahren.« Wie zum Beleg verdunkelt sich nun auch noch der Himmel bleiern grau, je näher wir Veria kommen. In der mittelgroßen Stadt, gelegen in einem Baumwollanbaugebiet südwestlich von Thessaloniki, führt der Tierärztepool zusammen mit dem deutschen Verein Tierinsel Umut Evi seit 2016 Kastrationsaktionen durch. Von allen Griechenlandprojekten, in denen Thomas und sein Team arbeiten, ist hier die Not am größten.

Als wir die Stadt erreichen, sehen wir die ersten Straßenhunde. Zwei, zehn, viele. »Zweitausend Streuner haben wir hier in Veria«, erzählt uns Irini, die das städtische Tierheim leitet. Zwar seien viele davon mittlerweile kastriert. »Aber es kommen immer neue Hunde dazu, die ausgesetzt werden.« Besonders Jäger und Bauern lehnten Kastrationen ab. »Die suchen sich die guten Welpen aus, und den Rest setzen sie aus.« Irini ist eigentlich Archäologin. Dafür wäre sie hier in Makedonien am richtigen Ort, es gibt zahlreiche historische Stätten und Museen in der Gegend. Aber sie hat keine Arbeit in ihrem Beruf gefunden, also nahm sie den Job als Tierheimleiterin an. »Ich liebe Tiere«, sagt sie und lächelt. Aber man spürt auch ihre Verzweiflung. Das Tierheim ist in einem desolaten Zustand. Mindestens achtzig Hunde sitzen hier in maroden Zwingern, einige davon womöglich krank. Es sind fast nur sehr große Hunde, schwer vermittelbare. Vor dem Eingang zum Büro wuseln zwei Welpen um die Treppenstufen. Der eine humpelt, beide hören nicht auf, sich zu kratzen. Irini hat die zwei gestern gefunden, sie waren in einen Autounfall verwickelt, sind aber zum Glück nicht schwer verletzt worden. Jedoch sind beide stark von Räudemilben befallen.

Immerhin: Es gibt Unterstützung vom stellvertretenden Bürgermeister. Er hat einen Operationsraum im Tierheim genehmigt, wo kastriert werden kann. Der Amtstierarzt führt dort gelegentlich Kastrationen durch, wenn der Tierärztepool nicht vor Tieren helfen und die Situation verbessern wollen. Es ist ein Anfang. Oder, wie es Melanie nennen würde: die allerunterste Stufe der Treppe.

Rumänien – Land der Streuner

Der Lärm ist ohrenbetäubend. Er hat, so scheint es, nie begonnen und wird nie enden. Es bellt und fiept und jault und kläfft, es jammert, freut sich, droht und klagt. Kleine und mittlere, große und riesige Hunde springen gegen Gitter und auf Hundehütten, Blechnäpfe scheppern. Es ist der Krawall von sechstausend Hunden, untergebracht auf einem Gelände, das etwa so groß ist wie sechs Fußballfelder. Angesichtst dieser Dimensionen rutscht mir das Herz in die Hose. Meine Schonzeit ist vorbei.

Ich bin in Rumänien, dem Land, wo es so viele Streuner gibt wie nirgends sonst in Europa. Mindestens eine halbe Million herrenloser Hunde leben hier auf der Straße. Also annähernd hundertmal so viele, wie hier gerade Radau machen. Die gut zwei Dutzend endlos langen Zwingerreihen, zwischen denen ich entlanggehe, stehen in dem Tierheim Smeura in Piteşti. Laut Guinness-Buch der Rekorde ist es das größte Tierheim der Welt.

»Das ist kein Rekord, über den ich mich freuen kann«, sagt Matthias Schmidt von der Tierhilfe Hoffnung, »Ich hatte nie den Wunsch, sechstausend Hunde zu beherbergen.« Als er 2012 die Leitung der Smeura von der deutschen Tierschützerin Ute Langenkamp übernahm, war die Welt hier noch eine andere. Matthias besuchte diesen Ort in Piteşti im April 2000 zum ersten Mal. Damals war er 18 Jahre alt und glaubte, in den ersten Höllenkreis zu blicken: eine verlassene Fuchsfarm, die nach dem Ende der Ceauşescu-Diktatur 1989 aufgegeben worden war. In Käfigen, wo zuvor Generationen von Silberfüchsen gelitten hatten, bevor man sie für ihr Fell umbrachte, saßen nun Straßenhunde. In der Mitte der Brache stand ein Bagger, der ein tiefes Loch aushob. Dann wurden die Hunde aus den Fuchskäfigen geholt und lebendig hineingeworfen. Das Loch wurde mit Erde zugeschüttet, und der Bagger grub nebendran das nächste Massengrab. Matthias erzählt mit leiser Stimme. »Diese Bilder haben sich uns eingebrannt.« Viertausend Hunde fanden hier den Tod.

Matthias kannte Ute Langenkamp schon seit seiner Kindheit. Sie wohnte gleich nebenan, im schwäbischen Dettenhausen zwischen Tübingen und Stuttgart. Mit ihr und ihren 16 Hunden aus dem Tierschutz war Matthias damals oft unterwegs. Die Tierschützerin kümmerte sich damals um Streuner in Italien. Dort erzählte ihr eine rumänische Helferin von den grausamen Tötungen in ihrer Heimatstadt Piteşti. Ute Langenkamp sah sich die Situation an, und im Angesicht des Grauens entschied sie, die Verantwortung für die Tiere hier zu übernehmen. Sie pachtete das Gelände und unterzeichnete einen Vertrag mit der Stadt: Der Bürgermeister sicherte ihr zu, auf Tötungsaktionen zu verzichten, im Gegenzug versprach sie, sich um die Hunde zu kümmern und die Streunerpopulation in Piteşti zu reduzieren. Binnen sechs Monaten lebten in der Smeura mehr als dreitausend Hunde, und Matthias, damals noch in der Ausbildung zum Krankenpfleger, kam und half, wann er konnte. Die Hunde wurden kastriert, mit Ohrclips versehen, dort freigelassen, wo sie eingefangen worden waren, und bekamen Futterstellen, damit sie den Menschen nicht zu nahe kommen mussten. Gleichzeitig wurden auch Hunde nach Deutschland vermittelt. Nach und nach wurden Wasser- und Stromleitungen gelegt und die Fuchskäfige durch Hundehütten ersetzt; 2005 kaufte Ute Langenkampf das Gelände. Ihre Tierschutzarbeit war erfolgreich: Binnen 13 Jahren konnten sie die Zahl von 33 000 unkastrierten auf 4500 kastrierte Streuner reduzieren. Das Problem wäre, zumindest in Piteşti und Umgebung, wohl bald gelöst gewesen. Das waren die guten Zeiten.

Hunde töten als Geschäftsmodell

Dann kam der 2. September 2013 und mit ihm ein Unglück, das alles veränderte. Der vierjährige Ionut Anghel besuchte mit seinem zwei Jahre älteren Bruder Andrei den Spielplatz im Tei-Park in Bukarest. Von der sie begleitenden Großmutter unbemerkt, entfernten sich die Jungen und krochen unter einem Zaun durch auf ein brachliegendes Privatgelände, wo ein Rudel Hunde über die beiden herfiel. Andrei konnte entkommen und erlitt nur eine Bisswunde. Doch sein jüngerer Bruder Ionut wurde später zerfleischt in einem Gebüsch gefunden. Straßenhunde hätten das Kind getötet, hieß es schnell. Zweifel an dieser Auffassung wurden ignoriert. Gerade mal 48 Stunden nach dem Unglück legte die Regierung ein Tötungsgesetz vor, das eine Woche später verabschiedet wurde. Staatspräsident Traian Băsescu, der schon 2000 bis 2004 während seiner Zeit als Bürgermeister von Bukarest 140000 Straßenhunde hatte vergiften oder erschießen lassen, hatte mit aller Macht auf dieses Gesetz gedrängt. Was die Hundepopulation in den Straßen von Bukarest allerdings nicht nennenswert dezimieren konnte.[74]

Ein Jahr, nachdem der kleine Ionut auf so furchtbare Weise ums Leben gekommen war, wurden der Tierschutzorganisation VIER PFOTEN Dokumente der Staatsanwaltschaft zugespielt. Die Anklageschrift belegte, dass das Kind gar nicht von Straßenhunden getötet worden war, sondern von sieben abgerichteten Wachhunden der Bauentwicklungsfirma Tei Rezidential, die die Hunde dort gehalten hatte. Die Zweifel an der Streunertheorie hatten sich bestätigt. VIER PFOTEN und andere lokale Tierschutzvereine erreichten im Sommer 2014, dass sowohl das Berufungsgericht Bukarest als auch das Appellationsgericht in Braşov das Gesetz erst einmal auf Eis legten.[75]

Schon bevor Băsescus Tötungsgesetz in Kraft getreten war, hatte ein Vernichtungskrieg gegen Hunde begonnen. Private Hundefänger fingen sie auch vor den Augen von Kindern brutal mit Halsschlingen ein und brachten sie auf bestialische Weise um. Sie wurden entweder erschlagen, oder man ließ sie verhungern, verdursten oder sich gegenseitig zerfleischen. Selbst aus Vorgärten wurden sie gezerrt und sogar Besitzerinnen aus den Händen gerissen. Die städtischen Tierheime mordeten Monat für Monat ihre Unterkünfte leer, den Tieren wurden Frostschutzmittel oder Motoröl ins Herz gespritzt oder sie wurden mit Stromschlägen getötet. Menschen, die ihre verschwundenen Hunde dort suchen oder die Tiere aus den Heimen adoptieren wollten, erhielten keinen Zugang.[76]

In Bukarest verfuhr die städtische Tierschutzbehörde ASPA (Autoritatea pentru Supravegherea şi Protecţia Animalelor), die die drei Heime Bragadiru, Mihăileşti und Pallady betreibt, besonders grausam. Razvan Bancescu, damals Projektkoordinator für das Wegfangen der Straßenhunde, prügelte persönlich auf Tierschützerinnen und Tierschützer ein und ließ sich und seine Hundefängerkonvois von der Polizei begleiten. Die Hundefänger der ASPA brachen sogar in das Gelände ein, auf dem die Tierschutzorganisation VIER PFOTEN eine Tierklinik und ein Tierheim betreibt. Neunzig Hunde zerrten die Männer heraus und misshandelten sie so sehr, dass vier von ihnen noch vor Ort starben. Hunde, die die Organisation aus furchtbaren Bedingungen gerettet hatte, die eine Aussicht auf ein gutes Leben hatten, weil ihre Adoption bereits in die Wege geleitet worden war.[77] Rumänische Aktivistinnen und Aktivisten haben Videoaufnahmen aus den Heimen der sogenannten Tierschutzbehörde an die Öffentlichkeit gebracht. Sie zeigen Zustände, für die sich kaum Worte finden lassen. Bancescu wurde 2015 entlassen. Doch trotz zahlreicher Proteste – zwei Drittel der Rumäninnen und Rumänen lehnen das Tötungsgesetz ab –, trotz Hunderter von Strafanzeigen ging und geht das Fangen und Abschlachten weiter. Und obwohl es inzwischen erwiesen und gerichtlich anerkannt ist, dass der vierjährige Ionut Anghel nicht von Straßenhunden getötet wurde, heißt das Gesetz immer noch ganz offiziell Legea lui Ionut 258/2013.[78] Zwar wurde es leicht geändert: Die Vergabe von Aufträgen an private Unternehmen, Straßenhunde einzufangen und zu töten, ist nicht mehr zulässig. Doch gefangen und getötet wird weiterhin.

Denn das ist ein ebenso einträgliches wie korruptionsanfälliges Geschäftsmodell, bei dem der rumänische Staat Geld der Europäischen Union einsetzt.

Das modifizierte Tötungsgesetz schreibt vor, dass frei lebende Hunde eingefangen und 14 Tage beherbergt werden müssen. In dieser Zeit müssen sie verpflegt und medizinisch versorgt, gechippt, registriert und gegen Tollwut geimpft werden. Werden sie binnen 14 Tagen nicht abgeholt oder adoptiert, werden sie eingeschläfert. Für jeden dieser Schritte gibt es Geld: Die Fangpauschale beträgt zehn Euro plus fünfzig Cent Kilometergeld, die Beherbergung zwischen fünf und acht Euro am Tag, medizinische Leistungen zwischen fünf und 45 Euro, und die Todesspritze zwischen 20 und 30 Euro. Macht bis zu 204 Euro pro totem Hund, halb so viel wie der staatlich festgesetzte Mindestlohn des Landes.[79] Je weniger dieser Leistungen dabei wirklich erbracht werden, desto mehr lässt sich am Leid der Hunde verdienen. Und warum sollte man Hunde, die nur noch zwei Wochen zu leben haben, chippen oder gegen Tollwut impfen? Oder auch nur füttern? So hat sich eine regelrechte Cash&Kill-Industrie entwickelt, an der korrupte Bürgermeister genauso gut verdienen wie Verwaltungen und ihre Schergen. Auch Entsorgungsfirmen machen mit dem Einfangen der Hunde und der Beseitigung ihrer Kadaver Reibach.

Wie jedes Mitgliedsland erhält auch Rumänien Subventionen von der Europäischen Union. Ein Teil davon fließt in das Städtemanagement der 41 rumänischen Landkreise und wird von den Städten wiederum zweckgebunden für Straßenmanagement, Tourismus, Infrastruktursanierung, Tierseuchenbekämpfung und Abfallwirtschaft verwendet. Darunter fällt auch die Verkleinerung der Straßenhundpopulation. Es wäre an der Zeit, dass die Europäische Union sich darum kümmert, wofür ihre Subventionen genau verwendet werden. Mehrere EU-Politiker schreibe ich nach meiner Reise an, auch Mitglieder der Intergroup on the Welfare and Conservation of Animals. Eine Antwort erhalte ich nicht.

Piteşti ist eine Industriestadt in der Großen Walachei, einhundertzwanzig Kilometer nordwestlich von Bukarest. Das Tierheim Smeura liegt in einem Waldstück neben dem gleichnamigen Stadtteil von Piteşti. Auf dem Weg dorthin, nur zweihundert Meter vor dem Eingang der Smeura, passieren Thomas und ich ein flaches weißes Gebäude. Es ist von einem hohen Zaun umgeben; mehrere dreiarmige Straßenlaternen stehen auf dem

Hof. Es sieht aus wie ein Gefängnis. Und das vermutlich nicht zufällig. Es ist die städtische Tötungsstation. Im Mai 2014 wurde sie der Smeura direkt vor die Nase gesetzt. So wären Matthias und sein Team genötigt gewesen, dabei zuzusehen, wie dort regelmäßig Hunde getötet werden. Also nehmen sie nun alle Hunde von dort auf. Und aus vier weiteren Tötungsstationen im Umkreis. Das bringt die Smeura regelmäßig an die Grenzen ihrer Kapazität und füllt sie mit mittlerweile mehr als sechstausend Hunden. Denn seit das Tötungsgesetz in Kraft ist, dürfen sie die Hunde nach der Kastration nicht mehr freisetzen. Und obwohl sie jedes Jahr zwei- bis dreitausend Hunde nach Deutschland, Österreich und in die Schweiz vermitteln, bleibt das Heim randvoll. »Das Tötungsgesetz hat guten, nachweislich funktionierenden Tierschutz kaputt gemacht«, sagt Matthias. Seitdem dieses Gesetz in Kraft getreten ist, hat die Smeura fast achttausend Hunde aus Tötungsstationen aufgenommen. Heute sind es jährlich zwischen 1400 und 1600 Tiere. »Das ist ein Abhängigkeitskreislauf, und wir haben überhaupt kein Druckmittel in der Hand.« Weil sie Leid lindern wollen, leisten sie unfreiwillig der Tötungsstation von Piteşti noch Beihilfe beim Abrechnungsbetrug.

Im November 2014 wurde Tudor Pendiuc, damals Bürgermeister von Piteşti, wegen Korruptionsverdachts verhaftet. Er hatte, unter anderem, illegale Immobiliengeschäfte gemacht. Pendiuc war der Bürgermeister, der damals die grausamen Tötungsaktionen veranlasst hatte, deren Zeugen Ute Langenkamp und Matthias auf dem Smeura-Gelände wurden. Die Tierhilfe Hoffnung trat als Nebenklägerin auf und legte Beweise vor, nach denen Pendiuc eingefangene Hunde quasi ohne jede Versorgung zwei Wochen in die Tötungsstation neben der Smeura einsperrte und dennoch horrende Verpflegungspauschalen abrechnete. Selbst das Einschläfern der Tiere stellte er in Rechnung, obwohl die Smeura regelmäßig alle Hunde von dort übernahm. Dann schlossen die Vizebürgermeister die Tötungsstation. Das verschaffte der Smeura eine Verschnaufpause: Sie führten so viele Rettungstransporte von Hunden nach Deutschland durch, dass sie den Bestand erheblich reduzieren konnte. Doch ein knappes halbes Jahr später wurde die Tötungsstation, zum Entsetzen von Matthias und seinem Team, wieder geöffnet, und die Smeura füllte sich wieder rasant.

Das größte Tierheim der Welt

Als ich meine Rechercheretise plante, schrieb ich eine E-Mail an die Tierhilfe Hoffnung. Das größte Tierheim der Welt! Ein Tierheim mit mehr als sechstausend Hunden! Das schien mir damals ein Ding der Unmöglichkeit: Wie konnten dort zehnmal so viele Hunde leben wie Menschen in dem Dorf, wo ich groß geworden bin, und dann noch ein angemessenes Leben führen? Ich war skeptisch. Schließlich hatte ich im Vorfeld mehrmals mit Thomas gesprochen, der mir von seinen schlimmen Tierheimerfahrungen auf Kreta erzählt hatte. Aber wie Thomas rief mich auch Matthias sofort an und lud mich herzlich in seine Smeura an. Ich dürfe mir gerne alles ansehen, jeden einzelnen Hund wolle er mir vorstellen, sagte er, und wie sehr er sich auf meinen Besuch freue. In jedem seiner Worte spürte ich Offenheit, Warmherzigkeit und Empathie.

Nun führt uns also Matthias durch die Smeura, und ich bin überwältigt davon, was er und sein Team hier für die Hunde leisten. Auch Thomas ist sichtlich beeindruckt. Allein die Logistik ist beispiellos: Mehr als hundert Menschen arbeiten hier. Die Tierpflegerinnen und Tierpfleger versorgen jeweils zwischen hundert und hundertsechzig Hunde. Sie verteilen nicht nur fast neun Tonnen Futter am Tag und halten die Käfige sauber, sondern schenken den Tieren auch Zuwendung. Sie helfen, Hunde auszusuchen, die für eine Vermittlung geeignet sind, und bereiten sie für den Transport vor. In Rumänien ist Tierpflege kein Ausbildungsberuf, daher lässt Matthias seine Mitarbeiterinnen und Mitarbeiter ausbilden und bezahlt ihnen einen Lohn, wie ihn auch der Automobilhersteller Dacia bezahlt. Dort arbeiten die meisten Menschen in Piteşti. Mehr als hunderttausend Euro kostet der Betrieb der Smeura jeden Monat, finanziert ausschließlich durch Spenden.

Unser Rundgang beginnt am Katzenhaus, das neben dem Eingang gebaut wurde. Rund fünfhundert Katzen haben hier Zuflucht gefunden, sie verteilen sich auf zwölf Zimmer und haben eine eigene Krankenstation. Neben dem Gebäude gibt es eine Gedenkstätte für Ute Langenkamp. Sie starb 2016, nachdem sie sich von einem Herzstillstand einige Jahre zuvor nicht mehr erholt hatte. Hinter dieser Gedenkstätte schwimmen Enten und Gänse in einem Teich.

Jeder Hund, der in die Smeura aufgenommen wird, kommt erst einmal in Quarantäne und wird auf Krankheiten getestet, schließlich gechipt, geimpft und kastriert. Viele müssen ohnehin erst einmal in der Klinik auf dem Gelände medizinisch behandelt werden. Sieben Tierärztinnen und Tierärzte arbeiten hier. Wenn die Hunde hierherkommen, sind sie oft in einem schrecklichen Zustand. Ausgehungert, mit Bisswunden und unbehandelten Verletzungen, mit Parasiten und möglicherweise Krankheiten. »Letzten Winter fanden wir in der Tötungsstation

Hunde, die am Boden festgefroren waren, weil die Betreiber die Käfige auch bei eisiger Kälte mit Wasser ausgespritzt haben«, erzählt Matthias. Die geschwächten Tiere hatten sich trotzdem hingelegt, weil sie sich nicht mehr auf den Beinen halten konnten. Die Retterinnen und Retter mussten ihnen das Fell abtrennen, um sie zu befreien.

Wie betreten die Krankenstation. Ein Hund robbt über den Boden und zieht seine Hinterbeine hinter sich her. Pauly wurde von einem Auto angefahren. Ein weiterer liegt in einer Box, frische Narben auf dem Bauch. Matthias streichelt ihn sanft, das Tier bedankt sich mit mattem Schwanzwedeln. Neben den Tieren aus den Tötungsstationen werden regelmäßig solche Hunde in die Smeura gebracht, die schwer verletzt aufgefunden werden. Immer wieder auch solche, die misshandelt wurden. Skoty zum Beispiel, ein extrem dramatischer Fall, war besonders lange hier: Sein Besitzer hatte ihm so lange mit der Schaufel auf den Kopf geschlagen, bis seine linke Augenhöhle völlig zertrümmert war. Der kleine Rüde, der an der Kette gehalten wurde, hatte seinen Besitzer durch lautes Bellen gestört. Er hatte erfolglos versucht, an ein Stück Brot heranzukommen, das ihm als Futter dort hingeworfen worden war, wo er es nicht erreichen konnte. Eine Nachbarin war schließlich über den Zaun gestiegen und hatte den Hund in einem entsetzlichen Zustand gefunden: der Schädel blutend, das kaputte Auge bereits voll Fliegenmaden. Skoty konnte gerettet werden. Bei anderen kommt die Hilfe zu spät. Etwa bei den drei Welpen, die jemand in ein Fass mit flüssigem Teer geworfen hatte. In einer der Krankenboxen entdecke ich einen kleinen weißen Wuschelhund, der mich an unseren Zwergmalteser-Freund Walter erinnert. »Na, du kleine Maus?«, sage ich leise und nähere mich vorsichtig den

Gitterstäben. Der Hund schreit markerschütternd, will gar nicht mehr aufhören. »Der kommt aus Mihăileşti«, sagt Matthias, »Tierschützer haben ihn von dort befreit und uns gebracht, er lässt sich kaum anfassen.« Es ist die berüchtigte Tötungsstation der ASPA in Bukarest, der Kleine muss dort Entsetzliches erlebt haben.

Ich frage mich, wie Matthias und seine Mitstreiterinnen und Mitstreiter es aushalten, täglich mit diesem endlosen Elend und der Gewalttätigkeit konfrontiert zu sein, ohne daran seelischen Schaden zu nehmen.

Eine mögliche Antwort sind vielleicht die Reihen von Käfigen vor dem Klinikeingang. Privatleute haben ihre Hündinnen und Rüden und ihre Katzen und Kater hierhergebracht, um sie kastrieren zu lassen. Zehn bis zwanzig Menschen kommen jeden Tag. Auch wenn die Tiere anschließend nicht mehr freigelassen werden dürfen, setzt die Tierhilfe Hoffnung die Kastrationen fort. Mit Kampagnen, Flyern und persönlichen Gesprächen am Gartenzaun versuchen sie, Privatleute davon zu überzeugen, ihre Tiere kastrieren zu lassen. »Das Tötungsgesetz zwingt uns, schneller und effektiver zu handeln«, sagt Matthias, »die Vermehrung steigt so explosionsartig, dass wir kaum hinterherkommen.« Am Eingang der Smeura stehen vier zu Kastrationsmobilen umgebaute alte Krankenwagen, zwei weitere sollen bald dazukommen. Damit fahren sie an sechs Tagen die Woche selbst in die entlegensten Dörfer. Der Radius, in dem sie kastrieren, wird jedes Jahr zehn Kilometer größer. Das ist eine gute Entwicklung. Einerseits. Andererseits ist die Arbeit furchtbar mühsam. Oft dauern die Gartenzaungespräche, wie Matthias die Überzeugungsarbeit nennt, eine Dreiviertelstunde. Und trotzdem gelingt es nicht, alle zu überzeugen. Obwohl die

Hunde und Katzen kostenlos kastriert werden und obwohl das Kastrationsmobil fix und fertig vorbereitet vor der Tür steht. »Das Niederschmetternde und Desillusionierende ist: Du hast eine Straße mit zehn Haushalten, da sagen sechs zu und lassen alle Tiere kastrieren. Zwei lassen die Hündin kastrieren und den Rüden nicht, weil dann ist das für sie kein richtiger Hund mehr. Und zwei schicken dich wieder weg«, erzählt Matthias. »Und dann kommst du ein halbes Jahr später in dasselbe Dorf, und es schaut genauso aus wie zuvor.« Dabei wären sie ja verpflichtet, ihre Hunde kastrieren zu lassen. Denn seit 2014 besagt das Gesetz, dass auch Hunde in Privathaushalten kastriert werden müssen. Außerdem gibt es eine Kennzeichnungs- und Registrierungspflicht. Doch diese Vorschriften werden selten bis gar nicht kontrolliert. Viele Gemeinden haben offenbar kein Interesse daran, das lukrative Geschäft mit dem Fangen und Töten zugunsten von Kastrationen zu beenden. Dabei hat das grausame Tötungsgesetz in all den Jahren die Straßenhundepopulation nicht eindämmen können. Noch dazu haben viele Halter ihre Hunde ausgesetzt, um die Registrierungspflicht zu umgehen.

Kastrieren statt Töten

Zwar ist es der Smeura in all den Jahren gelungen, 175 000 Hunde zu kastrieren. Jedes Jahr kommen rund 12 000 weitere dazu. Allerdings sorgen diese Aktionen auch für weiteren Smeura-Nachschub. »Bei fast jeder Kastrationsaktion drücken uns die Leute unerwünschte Welpen in die Hand, oder wir finden welche in den Dörfern«, sagt Matthias. Manchmal sind es genauso viele Tiere, wie sie an diesem Tag kastriert haben.

Einige Hunde werden nach der Kastration einfach nicht mehr abgeholt. Und weil die Smeura im ganzen Land bekannt ist, bringen die Leute selbst von weit her nun ihre Welpen hierher. »Und das ist einerseits toll, denn das heißt ja, dass sich das Bewusstsein gewandelt hat, wenn sie die Welpen zu uns bringen, statt sie umzubringen, auszusetzen oder verhungern zu lassen«, sagt Matthias. »Aber dann bringen sie die Mutterhündin nicht mit, und du redest gegen die Wand. Der Klassiker ist: Sie sagen, sie bringen die Mutter beim nächsten Mal. Damit hast du also schon einen Termin in sechs Monaten, an dem sie dir wieder Welpen bringen.« Eine Weile hätten sie versucht, hart zu bleiben und keine Welpen ohne Muttertier anzunehmen. »Aber das macht ja nichts besser. Wenn du jemanden wegschickst mit den Welpen, bringt er sie entweder um, oder er setzt sie aus oder lässt sie groß werden, und sie vermehren sich weiter.« Das sei der Grund, warum sich an den Zahlen nichts ändere. Nicht auf der Straße und auch nicht in der Smeura. Dort gibt es nun ein regelrechte Welpenschwemme: 1350 sind hier gelandet. Und das ist ein Problem: »Wenn wir es nicht schaffen, die rechtzeitig zu vermitteln, werden die hier groß. Dann haben wir hier zusätzlich zur ersten Generation von Smeura-Hunden noch eine zweite.« Eine, die wenig mit Menschen sozialisiert ist und nur das Leben in der Smeura kennt. »Das wollen wir mit aller Kraft verhindern«, sagt Matthias. Eigentlich hätten sie es sich zur Auflage gemacht, dass jeder Hund nur ein Jahr hier bleibt. Aber das gelingt nicht. »Das würde allenfalls dann klappen, wenn wir uns bei fünfhundert Hunden einpendeln und nicht mehr als durchschnittlich zweihundert Hunde aus den Tötungsstationen übernehmen. Aber das ist völlig utopisch.«

Jedenfalls, so lange sich politisch nichts ändert. Es könnte alles anders werden, wenn das Kastrationsgesetz wirklich umgesetzt würde. Die Tierhilfe Hoffnung hat dafür gemeinsam mit dem Deutschen Tierschutzbund ein Konzept entwickelt, das sie der rumänischen Regierung vorstellen will. In Rumänien gibt es rund hundertfünfzig Tierheime mit Tötungsstationen. Je ein bis fünf solcher Einrichtungen gibt es in jedem der 41 Landkreise. Diese Tötungsstationen könnten aber zu Kastrationszentren umgebaut werden, in denen die Hunde außerdem gechipt, gegen Tollwut geimpft und entwurmt würden. Kastrationsmobile könnten in abgelegene Dörfer fahren. Das würde pro Heim rund dreihunderttausend Euro kosten, je Kastrationsmobil 25 000 Euro. Binnen fünf Jahren wären knapp 92 000 Kastrationen möglich; nach diesen fünf Jahren hätte sich der Umbau der Infrastruktur amortisiert. Dann wären die Kastrationen knapp 54 000 Euro pro Jahr günstiger als die Umsetzung des Tötungsgesetzes, und die Population der Straßenhunde würde sich verkleinern. Etwas, was das Töten von geschätzten neunhunderttausend Hunden in all den Jahren nicht geschafft hat.

Doch es wird nicht einfach werden, die Politikerinnen und Politiker zu überzeugen. »Wir haben hier wirklich andere Probleme«, ist einer dieser Sätze, die Matthias häufig hört. Insbesondere von Bürgermeistern, mit denen er in Sachen Kastration gern kooperieren würde.

Unbenommen: Es gibt gewaltige Probleme in Rumänien, das eines der ärmsten Länder in der Europäischen Union ist. Ein Drittel der Bevölkerung ist arm oder von Armut bedroht. Besonders dramatisch ist die Situation der Kinder: Eine Million von ihnen lebt unter der Armutsgrenze, sie haben kaum Zugang zu medizinischer Versorgung, guter Ernährung und Bildung. Zwölf

Prozent der Kinder erreichen das fünfte Lebensjahr nicht. Viele Kinder, selbst kleine, landen auf der Straße; die Situation in den berüchtigten Waisenhäusern ist nach wie vor verheerend. Und es leben immer noch Tausende Kinder und Jugendliche im Kanalsystem von Bukarest. Als Thomas und ich die 150 Kilometer vom Donau-Fährhafen bei Turnu Măgurele durch die Walachei nach Pitești fahren, kommen wir an zerfallenden Dörfern vorbei, und wir überholen klapprige Pferdewagen, auf denen ganze Roma-Familien samt ihrem kargen Hab und Gut leben. Ich bin erschrocken über dieses himmelschreiende Elend mitten in Europa. Ich kann gut verstehen, dass Menschen dort andere Sorgen haben, als Hunde zu retten. Niemand möchte das Gefühl haben, für Hunde würde besser gesorgt als für einen selbst. Es ist verständlich, dass Menschen, die so empfinden, wütend werden und Tierschutz ablehnen. Aber den Hunden nicht zu helfen, verbessert nichts; Leid gegen anderes Leid aufzurechnen, hilft niemandem. Oft genug ist Korruption die Ursache für das Elend von Menschen wie auch von Hunden. Und es ist dieselbe Verrohung, die zum massenhaften Misshandeln und Töten fühlender Lebewesen führt, die auch gegen Menschen gerichtet ist. Mangelnde Empathie hier wie da. Kein Zufall, dass immer die Ärmsten nach Deutschland reisen, um in deutschen Fleischfabriken ausgebeutet zu werden. Arbeitsmigrantinnen und Billiglöhner, in erbärmliche Massenunterkünfte gesperrt, ohne Rechte und Zugang zur Gesundheitsversorgung, die von ihrem kargen Lohn nicht leben können.

»Wir haben andere Probleme« ist aber auch ein willkommenes (im wahrsten Wortsinn) Totschlagargument für Gemeinden, die von der Korruption mit falsch abgerechneten Hundetötungen profitieren. Matthias erinnert sich an einen Bürgermeister, der vor einigen Jahren sein ganzes Dorf gegen die Hunde aufhetzte. »Er hat gesagt, wenn ihr dabei helft, die Tötungsstation in Piteşti zu füllen, bekommt die Schule eine neue Heizung, und die Straße wird repariert. Die Tötungsstation war ruckzuck voll, aber auf eine Heizung für die Schule und eine neue Straße warten die Dorfbewohner bis heute.« Stattdessen wanderte das Geld für die Tötungen vermutlich in private Taschen.

Brächte man aber das Kastrationsgesetz zur Anwendung, würde öffentliches Geld frei. Matthias rechnet das anhand der 7598 Hunde vor, die die Smeura zwischen 2013 und 2019 aus der gegenüberliegenden Tötungsstation gerettet hat. Wären diese Hunde alle umgebracht worden, wären pro Hund im Schnitt, alle abgerechneten Kosten zusammengezählt, zwischen hundert und zweihundert Euro geflossen. Bei einem Durchschnittspreis von 160 Euro fällt bei dieser Anzahl von Hunden eine Summe von 1219479 Euro an. Demgegenüber stehen Kosten von 69 Euro pro Hund bei der Kastration in der Tierklinik der Smeura inklusive Personal- und Fixkosten. Macht 524262 Euro, also etwa die Hälfte.

Eine so naheliegende Lösung, die doch in so unerreichbarer Ferne liegt: Das bringt Matthias fast mehr zur Verzweiflung als die sechstausend Hunde, die er beherbergt. Doch es gibt Hoffnung. Seit Anfang 2021 gibt es in Rumänien die Politia Animalelor, die Tierpolizei. Sie ist zwar nicht für den Schutz der Tiere abgestellt, sondern dient der Bevölkerung als Beschwerdestelle. Denn die Beschwerden über Straßenhunde haben, seit es das Tötungsgesetz gibt, so zugenommen, dass die Gemeinden damit überfordert sind. Sie werden also nicht für, sondern gegen die Hunde losgeschickt, obwohl es sinnvoller wäre, sie würden das Kastrationsgesetz durchsetzen.

In Piteşti aber ist die Smeura mit der Tierpolizei nun eine Kooperation eingegangen. Die Smeura will der Tierpolizei mit Notfallnummer, Rettungswagen und Equipment zur Seite stehen. Und die Tierschutzpolizei begleitet in einem Modellprojekt die Gartenzaungespräche. »Das ist ein Traum!«, sagt Matthias. Er strahlt, als er von der ersten gemeinsamen Aktion erzählt. »Die sind mit ihrem extrem schicken neuen Auto vorgefahren und mit ihren Uniformen engagiert und seriös aufgetreten. Sie haben erst mit dem Bürgermeister gesprochen und dann mit den einzelnen Leuten. Während wir 40 Minuten rumdiskutieren und halb verrichteter Dinge fahren, sagen die drei Worte, und schon läuft es!«

So arbeiten Matthias und sein Team sich an verschiedenen Stellen voran. Sie kooperieren mit der Universität in Timişoara und organisieren dort, im Westen Rumäniens, Kastrations-Workshops für die angehenden Tierärztinnen und Tierärzte. Und sie arbeiten mit Kindern und Jugendlichen. An 23 Schulen gibt es einmal pro Woche eine Stunde Tierschutzunterricht. Matthias' Frau Ann-Catrin – sie ist Lehrerin im hessischen Alsfeld und leitet dort das städtische Tierheim – hat das Unterrichtsmaterial dazu erarbeitet. Es gibt eine Schüler-für-Tiere-Gruppe, die im Vorfeld der Kastrationsaktionen Flyer verteilt. Und es gibt Aktionstage in der Smeura, wo die Mädchen und Jungen Hundehütten bunt anmalen. Die Schüler tragen ihre Empathie für Hunde nach Hause. Sie sind die Tierschützerinnen und Tierschützer von morgen. Außerdem schafft es die Smeura regelmäßig, ihr sogenanntes 1:3-Nachhaltigkeitsziel zu erreichen: Pro vermitteltem Hund werden drei kastriert.

Aber solange sich politisch nichts ändert, steht Matthias vor einem Dilemma der Hilfe, das überwältigend ist. Das Tötungsgesetz zwingt die Smeura dazu, möglichst viele Hunde nach Deutschland, Österreich und in die Schweiz zu vermitteln. Wenn das nicht gelingt, ist kein Platz mehr für die Hunde aus den Tötungsstationen. Das Coronajahr 2020, in dem sich auf einmal so viele Leute einen Hund angeschafft haben, war das einzige in der Vereinsgeschichte, in dem mehr Hunde das Tierheim verlassen haben, als hineingekommen sind: mehr als viertausend Tiere. Die Smeura macht keine Direktvermittlungen über das Internet, sondern arbeitet mit rund hundert Partnertierheimen in Deutschland, Österreich und der Schweiz zusammen. Einmal pro Woche werden vierzig bis hundert Hunde in Transportern dorthin geschickt. In den Tierheimen können sich die Hunde akklimatisieren, die Betreiberinnen und Betreiber haben Zeit, ein passendes Zuhause für sie zu finden, die Adoptierenden können die Hunde kennenlernen.

Das sind beste Voraussetzungen für eine gute und sichere Vermittlung. Dennoch wird Matthias genau dafür kritisiert. Es gäbe bereits in Deutschland zu viele Hunde in den Heimen, die dringend auf Vermittlung warten, heißt es dann. Da müsse man nicht auch noch welche aus dem Ausland importieren. »Aber wenn ein deutsches Tierheim Platz und Kapazität hat und gesunde soziale Auslandshunde aus einem seriösen, überprüften Tierschutz aufnimmt, die alle nach den gesetzlichen Bestimmungen ankommen, wenn diese Hunde nach bestem Wissen und Gewissen für eine Schutzgebühr vermittelt werden und dies dann allen Tieren im Heim und womöglich noch dem Auslandstierschutz zugutekommt, dann ist das doch wunderbar«, sagt Matthias. Kritisieren könne man Organisationen, die nur aufnehmen und möglichst viele Tiere vermitteln, um Gewinne zu machen, die aber keinen Auslandstierschutz unterstützen. Oder eben ausländische Shelter, die nur Tiere sammeln und exportieren, aber nicht kastrieren und die Tierhalter vor Ort nicht aufklären. Genau hier verschwimmt auch die Grenze zwischen Tierschutz und Geschäft mit dem Mitleid: Es gibt Fake-Tierschützer, die wahllos Hunde aus Tötungsstationen befreien und sie mit rührseligen oder dramatischen Geschichten im Internet verkaufen. Manche machen so mit den Tötungsstationen sogar gemeinsam Kasse. Andere kassieren sogar noch zusätzlich Geld für medizinische Behandlungen, die gar nicht durchgeführt werden, und schicken kranke Hunde auf die Reise. Für deutsche Käuferinnen und Käufer sind solche dubiosen Angebote, die sich auch in den einschlägigen Online-Verkaufsportalen finden, oft nicht von seriösen zu unterscheiden. Abgesehen davon, dass derart unseriöse bis kriminelle Geschäftsmodelle die Lage vor Ort auch noch verschärfen, sind es auch diese Hunde, die dann eben auf anderem Weg wieder ins Tierheim kommen. Weil sie krank oder nicht sozialisiert sind, ihre Halterinnen und Halter nicht mit ihnen zurechtkommen und vermeintliche Tierschutzorganisationen solche Hunde auch nicht mehr zurücknehmen. Diese »Problemhunde« haben dann kaum eine Chance auf Vermittlung und füllen in Deutschland die Tierheime. Solche dubiosen Vermittlungen bringen dann auch den guten Auslandstierschutz in Verruf.

Problemhunde vermittelt Matthias gar nicht erst. Rund vierhundert davon gibt es in der Smeura. Sie haben so Schlimmes erlebt, dass sie keinen Kontakt mehr zu Menschen haben wollen. Manche von ihnen geraten allein schon beim Anblick von Menschen in Panik. Für diese Hunde hat die Tierhilfe Hoffnung nun ein Refugium auf einem siebentausend Quadratmeter großen Grundstück im Wald hinter der Smeura gebaut. Als ich die Smeura besuche, ist es kurz vor der Fertigstellung. In vier großen Parzellen sollen die Hunde dort in Gruppen leben; versorgt, aber in Ruhe gelassen. Überhaupt fällt mir bei unserem Rundgang durch die Smeura auf, wie jede denkbare Anstrengung unternommen wird, um den Hunden hier ein so schönes Leben zu bereiten, wie es unter den gegebenen Umständen möglich ist. Die Hunde-Senioren haben ihr eigenes Gehege, das etwas ruhiger liegt und schnell von den Pflegern und Ärztinnen erreicht werden kann. Es ist mit weichen Matten versehen und wird im Winter, wie auch die Welpen-Käfige, mit Wärmelampen beheizt.

Auf sechs umzäunten Spielwiesen können abwechselnd je zwanzig Hunde spielen und toben. In jeder Mittagspause gehen die Pflegerinnen und Pfleger mit Hunden spazieren. Der Ort des Grauens ist zu einem Hort der Liebe geworden. Am Ende führt uns Thomas in die Welpenabteilung. Dort gibt es einen nagelneuen Welpenspielplatz mit unterschiedlichen Bodenbelägen, Spielzeug, Wippen, Tunneln und Planschbecken. Sogar ein ausrangiertes Auto steht dort, an dem das Ein- und Aussteigen geübt werden kann.

Ich sitze auf der untersten Stufe eines Klettergeräts für Hunde, acht entzückende Welpen wuseln schwanzwedelnd um mich herum, schlecken mich ab, beschnüffeln mich, springen auf meinen Schoß und knabbern mit ihren winzigen Welpenzähnchen an meiner Hand. Welpen-Wellness. Toni würde platzen vor Eifersucht. »Das werden doch alles mal prima Kerle«, sagt Thomas. »Also, wer hier keinen Hund findet, der braucht auch keinen.« Nun rührt sich doch leise mein Gewissen.

Es ist acht Uhr morgens, Thomas und ich fahren zur Smeura. Heute wollen wir ein Kastrationsmobil bei der Arbeit begleiten. Vor uns her fährt ein Werksbus, er hält vor dem Tor zum Tierheim neben dem Kiosk. Die Arbeiterinnen und Arbeiter steigen aus, lachend und tratschend betreten sie das Gelände und machen sich ans Tagewerk. In Schubkarren mischen sie Futter für die Hunde, beginnen die Fütterung gleichzeitig am Anfang der Zwingerreihen, um die Hunde nicht allzu sehr in Aufregung zu versetzen. Wir indessen folgen dem umgebauten Krankenwagen, in den jetzt Kampagnenkoordinatorin Mara Badita und der Tierarzt George Ganescu steigen. Wir fahren auf der Transfăgărăşan, einer der schönsten Passstraßen der Welt, die kurz hinter Piteşti beginnt und bis in die Nähe von Sibiu in Siebenbürgen führt. In Serpentinen schlängeln wir uns die Berge hinauf, tief unten im Tal rauscht ein Fluss. Wir passieren die riesige Talsperre Vidraru und den gleichnamigen Stausee und biegen auf einen Schotterweg ab. Mitten im Wald erreichen wir schließlich ein Gasthaus. Sechs Hunde warten dort schon auf uns, aufgeregt mit dem Schwanz wedelnd. Große Tiere; eine alte Hündin ähnelt entfernt einem Bär. Wahrscheinlich ist sie die Oma aller Hündinnen hier. Nach und nach kommen weitere Hunde und Katzen dazu. Mara, eine kleine und zierliche Frau mit einem großen Herzen, begrüßt alle, als wären es ihre eigenen. Sie beruhigt und streichelt sie, während sie betäubt werden, und zupft ihnen Zecken aus dem Fell. Eine junge Tierärztin und ein junger Tierarzt kommen dazu, George lernt sie gerade für die Smeura ein. Er hat eine eigene Tierklinik in Piteşti, kastriert aber an sechs Tagen in der Woche zusätzlich im Kastrationsmobil.

Im Krankenwagen beugt sich George über eine junge Hündin. »Oh, sie ist schwanger«, sagt er, als er ihre Gebärmutter aus dem Bauch zieht. Die Embryos sind so winzig, dass zumindest ich sie nicht erkennen kann. Draußen versucht Mara, eine junge Frau davon zu überzeugen, ihre Hündin ebenfalls kastrieren zu lassen. Das Tier ist trächtig, das hat ihre Besitzerin gerade erst festgestellt. In einem so frühen Stadium wäre eine Kastration, die ja gleichzeitig eine Abtreibung wäre, gut möglich. Aber die junge Frau lehnt ab. »Willst du wirklich Welpen haben?«, fragt Thomas, der Mara in ihrem schwierigen Kampf unterstützen will. »Schau mal«, sagt er und zeigt ihr ein Video aus dem Welpenzwinger in der Smeura, »hier gibt es jede Menge Welpen.« Sie blickt mit aufgerissenen Augen auf Thomas' Smartphone. »Ist das in deinem Land?«, fragt sie ungläubig. »Nein, das ist hundert Kilometer von hier.« Aber sie lässt sich nicht umstimmen. Eine Touristin habe versprochen, die Welpen abzunehmen, erklärt sie. Ob das wirklich passieren wird? Es ist genau so eine Situation, wie sie Matthias beschrieben hat. Mehr als zwei Stunden sind wir hierhergefahren, genauso lange hat George hier operiert. Ein halber Tag Arbeit, doch er wird diesen Ort nicht vollständig verrichteter Dinge verlassen können. Gut möglich, dass hier bald noch mehr Hunde herumstreunen. Zum Schluss werden wir fantastisch bekocht und herzlich umsorgt. Die Stimmung beim Essen ist trotzdem gedämpft.

Als wir wieder auf dem Weg nach Piteşti sind, schrillt mein Smartphone. Eine Katastrophenwarnung. Zwei Kurven weiter sitzt der Grund dafür am Straßenrand: eine Braunbärin mit ihren zwei Jungen. Dass sie auf der Suche nach Futter menschliche Nähe sucht, hat, wie könnte es anders sein, einen traurigen Hintergrund: In den Karpaten wird in großem Stil illegal abgeholzt, der Lebensraum der Bären schwindet.

Am nächsten Morgen verlassen wir Piteşti und machen uns auf den Weg nach Rovinari. Dort und an vier weiteren Orten in Rumänien, in Balş, Slatina und Sighişoara hat der Tierärztepool in den vergangenen fünf Jahren rund elftausend Tiere kastriert. Zuvor steuern wir ein letztes Mal die Smeura an und verabschieden uns von Matthias. Thomas nimmt mit ihm noch einen Podcast für die Homepage seines Vereins auf. Außerdem haben die beiden in den vergangenen Tagen immer wieder darüber gesprochen, wie sie zusammen Kastrationen in Rumänien voranbringen könnten, und über eine gemeinsame Aktion nachgedacht. Eine gute und koordinierte internationale Zusammenarbeit von Tierschützerinnen und Tierschützern ist so wichtig. Allerdings ist oft eher das Gegenteil der Fall; es gibt Streit und Konkurrenz. Das hatte mir Thomas schon auf Kreta erzählt, und Matthias berichtete von ähnlichen Erfahrungen in Rumänien. Aber nur gemeinsam kann die Situation verbessert und politischer Druck aufgebaut werden.

Matthias begleitet uns sichtlich gelöst zum Parkplatz. Er tritt heute die Heimreise an. Zwar liegen eintausend Kilometer und gut zwanzig Stunden Fahrt vor ihm, aber auch das, was er am meisten an seiner harten Arbeit hier liebt: eine ganze Menge geretteter Hunde in Partnertierheime nach Deutschland zu bringen. Der Frachtraum des Transporters, in den er steigt, ist voll. Und drei Welpenzwinger leer.

Auf dem Weg nach Rovinari fahren Thomas und ich durch viele Dörfer. Wieder sehen wir viele Straßenhunde. Einige von ihnen hinken, weil sie von Autos angefahren wurden. Hundekadaver liegen im Straßengraben. Wir sehen Hunde, die gerade dabei sind, den Nachwuchs von morgen zu produzieren. Zwanzig bis vierzig Millionen Hunde leben europaweit auf der Straße, dreihundert Millionen auf der ganzen Welt. Dazu kommen etliche, die zwar Besitzerinnen und Besitzer haben, aber dennoch herumstreunen. In vielen Ländern ist das Töten gesunder, streunender oder gefangener Hunde erlaubt, darunter Estland, Lettland, Frankreich, Irland, Kroatien, Portugal, die Slowakei und Ungarn. In Belgien, Dänemark, England, Luxemburg, Polen, Slowenien und Spanien ist es zumindest nicht explizit untersagt, weshalb in einigen dieser Länder immer wieder Hunde eingefangen und umgebracht werden. Verboten ist es in Bulgarien, Deutschland, Griechenland, Holland, Italien, Litauen, Österreich, Schweden, Tschechien und in der spanischen Provinz Katalonien.[80] Die EU-Kommission ordnet Streuner nicht etwa den frei lebenden sondern den Heimtieren zu. Sie zu schützen, ist somit nationale Angelegenheit. Die EU-Kommission müsste nur dann einschreiten, wenn gegen EU-Recht verstoßen würde. Mit dem Europäischen Übereinkommen zum Schutz von Heimtieren verpflichten sich die unterzeichnenden Länder (zu denen auch Rumänien gehört) zwar zur »Verringerung des Ausmaßes der ungeplanten Fortpflanzung von Hunden und Katzen durch Förderung der Unfruchtbarmachung«, sprich: Kastration. Doch es erlaubt das Töten streunender Tiere ausdrücklich.[81] Selbst die Weltorganisation für Tiergesundheit (OIE), die mit den UN-Organisationen für Ernährung (FAO) und Gesundheit (WHO) kooperiert, nennt das Einschläfern als eine von drei Möglichkeiten, die Population von Streunern zu kontrollieren. Auch wenn in den entsprechenden Richtlinien steht, dass das nicht ausreicht, die Population zu verringern.[82]

Grausamkeit und Brutalität gegen Tiere ist also institutionalisiert. Es ist ein Skandal, dass in so vielen Ländern derart mittelalterliche und abscheuliche Methoden wie das massenhafte Töten von Hunden noch praktiziert werden dürfen. Nicht zuletzt sorgt genau das ja auch noch für andere Probleme. Etwa dafür, dass viele kranke und verhaltensauffällige Hunde exportiert werden, sei es durch schlechten und unprofessionellen Tierschutz oder sogar durch Kriminelle. Vor allem aber befeuert es Korruption und Gewalt. Zahlreiche Studien zeigen, dass Tierquälerei oft mit anderen Straftaten einhergeht, vor allem mit Gewaltdelikten gegenüber Menschen.[83] Misshandelte, vernachlässigte oder verletzte Haustiere sind ein verlässliches Indiz für häusliche Gewalt. In Großbritannien arbeiten tiermedizinische Praxen, Sozial- und Gesundheitsbehörden deshalb in der Links Group zusammen, um früher einschreiten und sowohl Menschen als auch Tieren helfen zu können.[84] In den USA beschäftigen sich das FBI, die Nationale Anti-Terror-Zentrale (NCTC) und das Ministerium für Innere Sicherheit (DHS) mit Tierquälerei als Hinweis auf Gewaltverbrechen gegen Menschen. In einem gemeinsamen Papier weisen sie darauf hin, dass Täter oft erst Gewalt an Tieren anwenden, um zu testen, wie weit sie gehen können. 2016 untersuchte das FBI 259 Erwachsene, die zwischen 2004 und 2009 wegen Tierquälerei verhaftet wurden. Fast die Hälfte davon wurde später wegen anderer krimineller Delikte festgenommen. Zwei Drittel hatten eine Vorgeschichte von Gewalttaten gegen Menschen.[85]

In Rumänien sollen 86 Prozent der Kinder Zeugen geworden sein, wie Hunde mit barbarischen Methoden auf offener Straße eingefangen wurden. Ein Achtjähriger soll danach versucht haben, sich vom Balkon zu stürzen, ein weiterer kam in psychologische Behandlung. Das sind nur zwei besonders drastische Fälle, die bekannt wurden. Es gibt viele Videos, die zeigen, wie brutal Hundefänger auch gegen Menschen vorgingen, die ihr tödliches Werk vereiteln wollten. In einem ist sogar zu sehen, wie einer der Schlächter Tierretterinnen und -retter mit einer laufenden Motorsäge bedroht.[86] Was die erlebte Gewalt gegen Tiere und die Verzweiflung darüber, nichts dagegen unternehmen oder nicht jeden Hund retten zu können, mit den Seelen so vieler Menschen anrichten, welche Traumata daraus entstehen und was das für eine Gesellschaft, ja, letztlich für uns alle, bedeutet, ist die Frage, der wir uns stellen müssen. Nicht nur, um die Tiere zu retten. Sondern auch uns selbst. Das ist es ja auch, was viele Tierschützerinnen und Tierschützer in Rumänien antreibt: Sie kämpfen nicht nur für die Hunde, sondern auch gegen Korruption, Gewalt und für eine menschliche und friedliche Zukunft.

Wir beschließen, eine kurze Pause einzulegen, und parken den Wagen am Wegesrand, Thomas muss ein paar Anrufe tätigen. Zwei große Hündinnen nähern sich unserem Auto, die Gesäuge der einen sind groß, sie hat wohl Junge. Aus dem Fenster heraus füttern wir den beiden alles, was wir an Essbarem im Auto finden. Ich habe schon wieder einen Kloß im Hals, und auch Thomas bleibt stumm, als wir die nächste Ortschaft erreichen. Abrupt hält er vor einem Supermarkt. »Wie viel Bargeld hast du noch?«, fragt er, und ich gebe ihm alles, was ich noch habe. Thomas verschwindet im Laden und kommt mit so vielen Hundefutterdosen zurück, wie er gerade noch tragen kann, steigt ein und wendet den Wagen. »Ich hab jetzt Bock auf Tierschutz«, sagt er und braust wieder zurück, genau dorthin, wo wir gerade hergekommen sind. Die Hundemutter steht noch immer da. Wir steigen aus und schütten ihr eine Dose Futter hin und dann noch eine, so schnell verputzt sie alles. Wir hinterlassen noch eine weitere Dose für ihre Freundin und machen uns wieder auf den Weg. Unzählige Male könnten wir diese Aktion wiederholen, so viele Hunde sind es.

Schon von ferne zeichnet sich das gewaltige Kohlekraftwerk von Rovinari mit seinen rauchenden Schloten, den fünf Kühltürmen und den riesigen Strommasten am Horizont ab. Wie eine Trutzburg ragt es weit über die Plattenbauten der kleinen Stadt hinaus. In den Siebzigerjahren wurde es hier gebaut, weil es in der Gegend große Kohlevorkommen gibt. Die Stadt lebt hauptsächlich davon. Sehr viel mehr als das Kraftwerk gibt es dort auch nicht; wir finden nicht einmal ein Hotel. Was es hier reichlich gibt, ist Armut. Und Hunde. Aber eben auch einen jungen Bürgermeister, der die Kastrationspflicht unbedingt umsetzen und keine Tötungen mehr zulassen will. Zusammen mit dem Freundeskreis Bruno Pet und Tiere in Not Austria hat der Tierärztepool hier seit 2021 ein Kastrationsprojekt.

Wir erreichen das städtische Tierheim. In einem Container ist die provisorische Tierklinik untergebracht. Nina Schöllhorn, eine Tierärztin des Tierärztepools, näht dort gerade eine frisch kastrierte Hündin zu. Weitere Tiere stehen in Gitterkäfigen draußen in Warteposition. Das Tierheim ist klein und voll. Als Quarantänestation für die Welpen, die auch hier ständig abgegeben werden, dienen umfunktionierte Müllcontainer. Als Nina und Constanze Haag, die Vorsitzende des Vereins Bruno Pet, auf das Tierheim stießen, war es in einem schlimmen Zustand. Viel zu viele Hunde auf engem Raum, furchtbare Hygienebedingungen, Krankheiten. Kaum ein Welpe überlebte. Mit der Unterstützung weiterer Helferinnen und Helfer gelang es ihnen, die Lebensbedingungen für die Hunde deutlich zu verbessern. Die Tiere wurden geimpft, kastriert und behandelt. Hundehütten wurden angeschafft, außerdem konnten viele gesunde und soziale Tiere mit einem Adoptionsprogramm vermittelt werden. Jetzt konzentriert sich das Projekt auf die Kastration von Privattieren (im Gegensatz zu Griechenland darf der Tierärztepool in Rumänien Privattiere kastrieren) und Hunden, die auf den Firmengeländen frei herumlaufen.

Nina lebt zusammen mit ihrem Freund Gabriel Toma in Sighişoara, er arbeitet ebenfalls beim Tierärztepool und assistiert ihr. Beide haben noch alle Hände voll zu tun, also schicken sie uns mit der Tierheimleiterin Mona Lisa auf eine kleine Stadtrundfahrt zu den Hunden. Sie umarmt uns stürmisch. Lustigerweise sieht sie ihrer Namensvetterin auf dem berühmten Gemälde von Leonardo da Vinci tatsächlich ähnlich. Wir beladen das Auto mit Futtersäcken und steuern das Kohlekraftwerk an. Auf dem weiten Gelände leben etwa 400 Hunde. Es ist später Nachmittag. Feierabend. Hinter dem Werkstor warten Hunderte Arbeiterinnen und Arbeiter darauf, dass die Sirene erklingt und das Tor sich öffnet. Dann strömt eine Menschenmenge hinaus. Mona Lisa schnappt sich zwei große Säcke Futter, schleift sie zum kleinen Häuschen am Eingang und palavert mit dem Wachmann. Ich sehe die beiden ratschen und lachen, immer wieder zeigt sie auf unser Auto. Schließlich notiert sich der Wachmann das Nummernschild, kontrolliert unsere Ausweise und steigt zu uns in den Wagen. Wir fahren auf das Werksgelände. Ich bin schon alleine ob der Dimensionen dieser Anlage überwältigt; ein bisschen unheimlich ist es allerdings auch. Es bröckelt an allen Ecken, Gestrüpp wuchert zwischen gigantischen Rohren und entlang der alten Bahngleise, zwischen Containern und verwitterten Gebäuden, überall sind Ruß und Kohlestaub. Die Szenerie erinnert mich an Wes Andersons Trickfilm *Isle of Dogs – Ataris Reise,* wo Straßenhunde auf einer fiktiven, abgelegenen japanischen Insel leben. Für die Hunde hier aber ist das Werksgelände ein großer Abenteuerspielplatz. Sie leben in losen Gruppen zusammen; die Tiere, die uns begegnen und denen wir Futter geben, sind freundlich und in gutem Zustand. Es sind viele Junghunde dabei, manche folgen uns neugierig. Mona Lisa schnappt sich einen etwas größeren Welpen und nimmt sich alle Zeit, ihn ausführlich zu liebkosen. Viele Leute, die hier arbeiten, haben ein gutes Verhältnis zu den Hunden; sie mögen und füttern sie. Andere haben Angst vor ihnen, denn sie sind überall: Sie laufen auch in die Werkshallen hinein und Treppen in die schwindelerregenden Höhen des Kraftwerks hinauf. An einem kleinen Wachhäuschen zwischen Kohlebergen und einem stillgelegten Kühlturm finden wir neugeborene Welpen; eine trächtige Hündin stromert vorbei. Die meisten Tiere hier sind zwar schon kastriert, sie tragen einen Clip am Ohr, aber eben nicht alle. Es ist nicht ganz einfach, sie in diesem riesigen und unübersichtlichen Areal einzufangen. Aber die Arbeit wird weitergehen. Wenn hier alle Tiere kastriert sind, medizinisch betreut und gefüttert, wenn die Arbeiterinnen und Arbeiter weiterhin zurechtkommen mit den Hunden, wenn diese auf dem Gelände in Sicherheit bleiben können, könnte das genau der Ort werden, an dem Streuner ein gutes Leben führen können und außerdem immer weniger werden. Thomas und mir macht dieses Beispiel richtig gute Laune.

Wir steuern noch zwei weitere Firmengelände an, auf denen Hunde leben, die schon kastriert sind oder es bald sein werden. Mona Lisa kennt nicht nur alle Hunde dort, sondern auch die Arbeiterinnen und Arbeiter. Sie scherzt und lacht mit den Leuten, sie hat einen guten Draht zu ihnen und ein offenes Ohr für sie. Für die Arbeit der Tierschützerinnen und Tierschützer ist ein vertrauensvoller Kontakt mit der Bevölkerung vielleicht die wichtigste Voraussetzung für ihre Arbeit. Dann machen wir uns wieder auf den Rückweg zu Nina und Gabriel. Wir sind schon fast am Tierheim angekommen, da bedeutet uns Mona Lisa anzuhalten. Ich verstehe nicht, warum, kein Hund weit und breit, aber Mona Lisa nimmt eine große Flasche Wasser und einen Karton mit Futterbeuteln und eilt über die Straße. Eine kniehohe, hellbraune Hündin kommt schwanzwedelnd aus dem Gestrüpp. Mona winkt uns, ihr zu folgen. Hier am Straßenrand, zwischen Müll und unter zwei großen Steinen, liegen zwei Welpen. Mona Lisa versorgt die Mutter und ihre Babys mit Futter und Wasser. Die Hundedame ist so zutraulich, dass es mir das Herz zerreißt. Dass diese Tiere nach allem, was man ihnen angetan hat, noch freundlich gegenüber Menschen sind, beschämt mich. Wahrscheinlich ist sie eine von unzähligen Hündinnen, die ausgesetzt wurden. An einer viel befahrenen Straße, mitten im Unrat. Ich denke an das, was Nina gesagt hat, als sie uns durch das Tierheim geführt hat: Die meisten Hunde hier suchen den Kontakt zu Menschen. Sie sind gar keine echten Straßenhunde, sondern wurden ausgesetzt. Und viele überleben das nicht lange. Dieser Moment, in dem ich dem Elend unmittelbar in die warmen braunen Augen schaue, haut mich um. Ich kämpfe mit den Tränen.

Ich würde dieses Kapitel gerne mit der heroischen Geschichte beenden, wie ich diese Hündin rette. Wie ich sie nicht mehr weglasse, sie einfach einpacke samt ihren Babys. Wie ich sie nach Hause mitnehme, alle aufpäpple und glücklich mit ihnen und Toni über blühende Wiesen laufe. Happy End. Aber das wäre gelogen. Denn das wird nicht passieren. Ich weiß ja gar nicht, ob sie krank ist. Ich kann nicht in unsere Wohnung im vierten Stock in der Münchner Innenstadt drei weitere Hunde aufnehmen, zusätzlich zu Toni (der, eifersüchtig, wie er ist, damit wahrscheinlich nur schwer klarkäme). Und dann noch eine womöglich traumatisierte Hündin plus zwei Welpen. Ein einzelner Hund macht ja schon mehr Arbeit, als man vorab meint. Ich erinnere mich an Melanies Bild von der unmöglichen Treppe. Gerade auf dem Werksgelände dachte ich, auf der obersten Stufe zu stehen. Nun bin ich wieder ganz unten.

Als ich Nina und Gabriel später von dieser Hündin erzähle, versprechen sie, sich um sie zu kümmern. Ich weiß, dass das nicht nur so dahingesagt ist, denn die beiden versuchen, jedem Hund zu helfen, auch wenn Schicksale wie dieses hier hinter jeder Ecke warten. Das Leid ist schier grenzenlos. Auf der anderen Seite sind da so viele Menschen, die alles geben, um etwas zu ändern. Ich bin froh, dass ich sie kennengelernt habe und ihre großartige Arbeit begleiten durfte, dass ich jetzt weiß, wie die Streuner leben und was ihnen hilft und was nicht. Bedaure ich nach diesen Erlebnissen meine Entscheidung, keinen Tierschutzhund aufgenommen zu haben? Nein. Denn Toni ist ja der tollste Hund der Welt. Ich habe ihn schrecklich vermisst während der vergangenen zwei Wochen (so lange waren wir nie voneinander getrennt), und ich kann es kaum erwarten, von ihm übermütig begrüßt zu werden. Vor allem hatte ich damals, als wir uns dafür entschieden, mit einem Hund zusammenzuleben, noch nicht das Wissen, das ich auf dieser Reise gesammelt habe. Heute würde ich mir eine solche Entscheidung viel eher zutrauen, und wer weiß: Vielleicht bekommt Toni ja eines Tages doch noch ein griechisches oder rumänisches Geschwisterchen. Ich wünsche es mir immer noch, einen Hund zu retten, vielleicht mehr als zuvor. Vor allem aber wünsche ich mir, dass dieses Leid für immer aufhört. Und ich weiß nun, wen ich dabei unterstützen kann.

Zurück in Deutschland, erreichen mich tolle Nachrichten: Parvorotti lebt! Er ist wieder ganz gesund geworden und hat mittlerweile ein Zuhause in Deutschland gefunden. Und zwei Wochen nach meiner Rückkehr passiert etwas Wunderbares: Die Spieler des rumänischen Fußballvereins Dynamo Bukarest laufen beim Derby nicht mit Kindern ein, sondern tragen jeweils einen Hund aus dem Tierheim oder von der Straße im Arm. »Füll die Leere in deinem Leben«, heißt die Aktion, mit der der Verein für die Adoption von Tierschutzhunden wirbt. Sie läuft über die ganze Saison. Und sie hatte sofort Erfolg: Elf Hunde wurden im Anschluss an das Fußballspiel vermittelt. Elf Freunde. Elf weitere Schritte auf der Treppe nach oben.

III. SCHÖNHEIT MUSS LEIDEN

Von Qualzuchten, Rassenwahn und Haustierkonsum

Es ist noch nicht ganz hell an diesem Herbstmorgen, doch auf dem Parkplatz des Messegeländes herrscht reger Betrieb. Große und kleine Wohnmobile stehen hier, dazwischen führen Menschen ihre Hunde spazieren. Am Ausstellereingang bildet sich eine lange Schlange. Männer und Frauen schleppen Koffer, Taschen, Klapptische und Kosmetikköfferchen, sie schieben Buggys, Trolleys und Käfige auf Rollen. Es fiept und bellt aus allen Richtungen, doch nur die Bilder auf Tüchern und Vorhängen, mit denen die Gefährte eingehüllt sind, geben einen Hinweis auf ihre Passagiere. Es ist Mitte Oktober; ich besuche die 18. Internationale Rassehunde-Ausstellung in Rostock. 2 071 Hunde und 271 Rassen werden hier präsentiert.

Als ich die Messehalle betrete, komme ich mir vor, als wäre ich in einem überdimensionierten Friseursalon gelandet. Denn rund um die Ringe, in denen später die Hunde vorgeführt und von den Zuchtrichterinnen und -richtern bewertet werden, sind Tischchen aufgebaut, auf denen Töpfchen und Tiegelchen stehen – und Hunde. Diese werden ohne Unterlass frisiert, gebürstet und gekämmt, es werden Haare geschnippelt, Zöpfchen gebunden und Schleifchen festgesteckt; weißes Haar wird mit Puder makellos gepinselt. Manche Hunde sehen von Weitem aus, als wären sie auf Rollkäfige und Tische drapierte Haarteile.

Es sind Shih Tzus, kleine Hunde, deren Fell bis zum Boden geht und das am Kopf zu einem Zopf gebunden ist. Sonst sähe man ihr kleines Gesicht mit der kurzen Schnauze nicht, und sie selbst sähen auch nichts. Einige Tiere werden gerade zügig in einem der Ringe im Kreis herumgeführt. Sie sehen aus wie wandelnde Perücken. Auch ihre Besitzerinnen haben sich schick gemacht: mit schimmernden Kostümchen, Oberteilen und Röcken aus Spitze; sie tragen adrette Jacketts mit Blumenmuster, Kleider mit Leoparden-Print und Paillettenjacken. Eine der Frauen bürstet ihrem Shih Tzu sogar noch während des Laufens unentwegt die Haare glatt.

Ich muss an Toni denken und daran, wie er zu dieser Jahreszeit mit Karacho in riesige Laubhaufen springt und darin endlos lange herumtoben kann. Was unweigerlich dazu führt, dass er anschließend selbst wie ein kleiner Komposthaufen aussieht, nämlich von oben bis unten voll Blätter, Zweige und Matsch. Jedes Mal bleiben Spaziergänger stehen und sehen ihm lächelnd zu, denn sie ahnen, was auch ich ahne: dass das, was da vor Dreck starrend und schwanzwedelnd auf einem Laubhaufen steht, ein glücklicher kleiner Hund ist. Dass ich ihm dann doch irgendwann Grenzen setze, hat nur damit zu tun, dass im länger herumliegenden Laubwerk Verwesungsbakterien sind, die in größeren Mengen schon mal zu Durchfall führen können.

Aber wie er aussieht, ist mir vollkommen wurscht. Ihm ja sowieso. Schönheit spielt für Hunde keine Rolle, auch nicht für Shih Tzus. Wohl aber für ihre Menschen.

Haarspray meets Hundepups

Eigentlich habe ich mir eine Rassehundeschau genau so vorgestellt: eine Mischung aus Misswahl, Revue und Schönheitssalon. Haarspray meets Hundepups. Anfangs finde ich das Tamtam hier auch noch halbwegs amüsant. Vor allem, weil sich hier das Klischee so sehr bestätigt, dass Hunde ihren Herrchen und Frauchen optisch ähneln. Aber das Lachen vergeht mir allmählich. Denn hier sind viele Hunderassen versammelt, die so extrem auf bestimmte Schönheitsmerkmale hin gezüchtet sind, dass ihr Leben von Schmerzen und Leid geprägt ist. Ich sehe zu kleine Köpfe, zu lange Ohren, zu kurze Schnauzen, zu kurze Schwänze. Zu kurze und zu krumme Beine, zu lange oder zu abfallende Rücken, zu massige Körper für zu dünne Beine. Zu viele Falten. Bedenkliche Augen- und Fellfarben – oder gar kein Fell. Viele dieser Hunde sind sogenannte Defektzuchten. Das bedeutet, dass ein Gendefekt für ihr rassetypisches Aussehen sorgt und diese Mutationen bewusst weitervererbt werden. Qualzucht trifft den Sachverhalt vielleicht besser, denn Gendefekte sind oft mit schweren Krankheiten verbunden.

Nackter Wahnsinn

Gerade laufe ich an einem Ring vorbei, in dem Chinesische Schopfhunde auf ihren Auftritt im Ring vorbereitet werden. Eine Variante davon ist ein Nackthund: Lange Haare hat er nur an den Pfoten, am Schwanz, auf dem Kopf und am Nacken; der gesamte Rumpf und die Beine sind haarlos. Ich finde den Anblick verstörend. Einige Hunde tragen stramplerartige Anzüge in Pink oder mit Camouflage-Muster. Einer dieser bizarren Hunde steht auf einem Frisiertisch. Mit der langen beigeschwarzen Mähne und seinen spitzen, stehenden Ohren sieht er fast aus wie ein Fantasy-Wesen, vielleicht eine Mischung aus Elfe und winzigem Pony. Fehlt nur noch ein gedrechseltes Horn auf der Stirn. Eine auffällig geschminkte Frau mit gepiercten Augenbrauen, tätowierten Händen und schwarz-blonden Rastazöpfen krault mit ihren langen künstlichen Fingernägeln die nackte Haut des Tieres. Allein beim Hinschauen bekomme ich eine Gänsehaut, als hätte ich gerade ein Messer über Porzellan kratzen gehört. Schließlich wird sein Körper von keinem Fell geschützt – vor Sonne, Hitze, Kälte und Verletzungen. Expertinnen und Experten wissen Schlimmeres über diese Rasse zu berichten: Der Gendefekt, der das Aussehen dieser Hunde bestimmt, nennt sich Canine Ektodermale Dysplasie. Sie geht schon mal mit fehlenden oder deformierten Zähnen einher oder mit dem Fehlen von Tasthaaren, die ein wichtiges Sinnesorgan sind. Chinesische Schopfhunde sind anfällig für Allergien. Sie bekommen, sofern sie nicht mit Sonnencreme eingeschmiert werden, Sonnenbrand und sind hautkrebsgefährdet. Sie können im Extremfall von der neurologischen Erbkrankheit Canine Multiple System Degeneration betroffen sein. Diese führt zu Gleichgewichts- und Gangstörungen, häufigen Stürzen, schließlich zur Bewegungsunfähigkeit und zum Tod im Alter von gerade mal zwei Jahren.[87]

»Es ist verboten, Wirbeltiere zu züchten …, wenn damit gerechnet werden muss, dass bei der Nachzucht, … erblich bedingt Körperteile oder Organe für den artgemäßen Gebrauch fehlen oder untauglich oder umgestaltet sind und hierdurch Schmerzen, Leiden oder Schäden auftreten.«[88] So steht es in § 11b des Deutschen Tierschutzgesetzes. Es ist der sogenannte Qualzucht-Paragraf, der seit 1986 gilt. Ein Jahr später hat der Europarat das Europäische Übereinkommen zum Schutz von Heimtieren verabschiedet. Auch dieses verbietet die Zucht defektbelasteter Tiere. Aber das Gesetz findet kaum Anwendung: Die zuständigen Veterinärbehörden sind zu wenig informiert, oft unterbesetzt und manchmal schlicht nicht daran interessiert, etwas zu unternehmen. Zwar hat das Bundesministerium für Landwirtschaft und Ernährung 1999 ein Qualzuchtgutachten veröffentlicht, das den Begriff näher definiert. Es besagt, dass »der Tatbestand des § 11b des Tierschutzgesetzes erfüllt ist, wenn bei Wirbeltieren die durch Zucht geförderten oder die geduldeten Merkmalsausprägungen (Form-, Farb-, Leistungs- und Verhaltensmerkmale) zu Minderleistungen bezüglich Selbstaufbau, Selbsterhaltung und Fortpflanzung führen und sich in züchtungsbedingten morphologischen und/oder physiologischen Veränderungen oder Verhaltensstörungen äußern, die mit Schmerzen, Leiden oder Schäden verbunden sind«.[89]

Darüber hinaus führt das Gutachten konkrete Beispiele für Qualzuchten auf und empfiehlt für einige von ihnen ein Zuchtverbot. Zu den Merkmalen von Qualzuchten gehören demnach verkümmerte Ruten oder Korkenzieher-Schwänze, wie sie Französische Bulldoggen und Möpse kennzeichnen. Zu ihnen gehört aber auch das Merle-Syndrom, eine Pigmentstörung, die etwa dem Sheltie sein hübsches dreifarbiges Fell und die blauen Augen gibt – aber Taubheit und andere Störungen der Sinnesorgane verursachen kann. Oder ein nach außen gerolltes unteres Augenlid, wie es dem Basset seinen traurigen Blick verleiht. Starke Faltenbildung, wie sie besonders ausgeprägt beim Mops oder dem Chinesischen Faltenhund Shar Pei zu sehen ist. Die Hüftgelenksdysplasie, unter der besonders große und schwere Rassen leiden können, auch die gesund erscheinenden Sennenhunde, Labradore und Retriever. Brachyzephalie, also die Kurzköpfigkeit, ist bei Möpsen, Bulldogen und dem Boston Terrier besonders extrem, sie betrifft aber auch kleine Rassen wie Chihuahua, Shih Tzu, Pekingese, Japan Chin, Shar Pei, Lhasa Apso und Brabanter Griffon. Eine zu kurze Nase bewirkt, dass diese Tiere unter Atemnot leiden. Deshalb röcheln und schnarchen viele Französische Bulldoggen und Möpse auch so stark: Sie bekommen zu wenig Luft.

Doch ein Gutachten ist keine Verordnung, es spricht lediglich Empfehlungen aus. Darüber hinaus ist dieses veraltet. Tierschutzverbände, die Bundestierärztekammer und die Deutsche Veterinärmedizinische Gesellschaft und auch der Verband für das Deutsche Hundewesen (VDH) fordern schon lange eine Neuauflage, die sowohl die jüngsten Entwicklungen der Rassehundezucht als auch die neuesten Erkenntnisse der Wissenschaft berücksichtigt. So hätten die vollstreckenden Behörden weitere klare Kriterien und in der Folge eine wesentlich bessere Handhabe. Bislang ist es mühsam, das Gesetz anzuwenden: Es muss im Einzelfall nachgewiesen werden, dass eine Qualzucht vorliegt. Entschieden wird dann meist vor Gericht. Es gibt einige wenige richtungsweisende Gerichtsentscheidungen, aber sie betreffen nicht die Rasse generell, sondern einzelne Züchterinnen und Züchter. Ihnen wurde jeweils die Zucht von Nackt- und Schottischen Faltohrkatzen verboten, die von mexikanischen und peruanischen Nackthunden, von Labradoren mit Hüftgelenks- und Ellenbogendysplasie und von weißen, sprich: von Albinismus betroffenen Dobermännern.[90] Die Niederlande sind da schon viel weiter: Dort ist die Zucht von Hunden, deren Nase kürzer als ein Drittel der Kopflänge ist, seit 2019 verboten.[91] Es gibt ein Ampelsystem, das die Zucht regelt. Tiere, deren Nase kürzer ist als beschrieben, dürfen nicht miteinander verpaart werden. In Österreich sind die Zucht, der Erwerb und auch der Import von Hunden, die unter Qualzuchtmerkmalen leiden, ebenfalls verboten. In Deutschland soll es jedoch nur ein Ausstellungsverbot für Qualzuchten geben. Das besagt die neue Tierschutz-Hundeverordnung. Als ich die Rassehundeshow im Oktober 2021 in Rostock besuche, ist das Verbot noch nicht in Kraft.

Verrückt gezüchtet

In Ring Nummer acht laufen einige Cavalier King Charles Spaniel im Kreis. Hier bleiben besonders viele Zuschauerinnen und Zuschauer stehen; verzückt betrachten sie die kleinen, gescheckten Hunde. Sie sind ja auch wirklich wahnsinnig niedlich. Mit ihren großen dunklen Kulleraugen, dem kleinen Köpfchen, den fluffigen Schlappohren und dem seidig weichen Fell wirken sie wie ewige Welpen. Kindchenschema nennt man das wohl, und auch Vermenschlichung, denn der runde Kopf ist keineswegs hundegerecht. Viele von ihnen sind schwer krank: Herzklappenfehler und Epilepsie treten gehäuft auf. Die Mehrheit leidet früher oder später unter Syringomyelie. Bei dieser neurologischen Erkrankung bilden sich Hohlräume im Rückenmark, die etwa für einen unstillbaren Juckreiz sorgen können. Einen Juckreiz, der die Tiere früher oder später in den Wahnsinn treibt. Dazu kommen Schmerzattacken, starke Berührungsempfindlichkeit und Lähmungen. In Deutschland leidet die Hälfte bis zu zwei Dritteln dieser Hunde an Syringomyelie. Eine Untersuchung aus Großbritannien und den Niederlanden zeigt, dass bei sechsjährigen Hunden dieser Rasse bereits

70 Prozent betroffen sind. Verantwortlich dafür ist eben das, was den Hunden ihr putziges kindliches Aussehen gibt: ihr kleiner Kopf. Zu klein für das Gehirn. Dieses Missverhältnis verursacht oft unbeschreibliche Kopfschmerzen. Gehirnflüssigkeit kann nicht richtig zirkulieren, Teile des Hirns werden durch das Hinterhauptsloch gepresst und quetschen das verlängerte Rückenmark. Diese Missbildung, Chiari-ähnliche Malformation heißt der Fachbegriff, verursacht die Syringomyelie.

»Es ist, als würde man einen Fuß der Schuhgröße 44 in einen Schuh der Größe 39 stopfen«, sagt eine Tierärztin in dem Film *Pedigree Dogs exposed*. Diese BBC-Dokumentation von Jemima Harrison über Defektzuchten sorgte 2008 in Großbritannien für großes Aufsehen. Ganz besonders die Szene mit einem Cavalier King Charles Spaniel, der sich schreiend und wimmernd vor Schmerz auf dem Boden windet. Er litt so extrem an den Folgen seiner Zucht, dass er eingeschläfert werden musste.[92]

Es sind nicht die einzigen Hunde, die unter ihrem zu kleinen Kopf leiden. Auch dem Chihuahua geht es nicht besser. Die kleinste Hunderasse der Welt ist eine der beliebtesten: In der Rassehunde-Statistik des Haustier-Zentralregisters Tasso rangiert der Chihuahua seit Jahren unter den ersten fünf Plätzen der dort neu registrierten Hunde. Doch Chihuahuas haben häufig einen Wasserkopf. Und nicht nur das: Je runder und stärker nach oben gewölbt ihr Schädel ist, desto mehr Löcher befinden sich in der Schädeldecke, und desto häufiger haben sie Fontanellen, die nicht zugewachsen sind.[93] Sie sind deshalb besonders gefährdet, Schädelbrüche zu erleiden. Aber ihr runder Kopf ist nun einmal ihr Markenzeichen. »Von überragender Bedeutung ist zu beachten, dass sein Kopf apfelförmig ist«, das schreibt der internationale Dachverband für Hundezucht, die

Fédération Cynologique Internationale (FCI), vor. Er gibt bei den mehr als 350 von ihm anerkannten Rassen exakt und im Detail an, wie diese auszusehen haben. Diese Standards einzuhalten ist Pflicht für die 180 Mitgliedsvereine im Verband für das Deutsche Hundewesen (VDH), dem größten Zuchtverband in Deutschland.

Der VDH, seinerseits Mitglied im FCI, ist auch Veranstalter der Rassehundeshow in Rostock. Alles, was von seinen Standards abweicht, gilt als Fehler, und je schwerer der Fehler, desto eher wird ein Hund von den Zuchtrichterinnen und -richtern disqualifiziert. Ich laufe an einem röchelnden Chihuahua vorbei, der augenscheinlich seinem Zuchtstandard entspricht, denn seine Schnauze ist »ziemlich kurz, stumpf, quadratisch«, und sein Kopf hat die gewünschte Apfelform. Es erscheint mir als Hohn, dass der FCI »die Gesundheit, das Wesen und das Verhalten als wichtigste Merkmale für Hunde und für deren Rassestandards« erachtet und beteuert, dass ihm »das Wohlergehen aller Hunde weltweit« am Herzen liege. Auch der VDH versteht sich als Tierschützer: »Die entsprechenden Richtlinien legen höchsten Wert auf die Gesundheit und den Tierschutz.«[94]

Das sieht Achim Gruber anders: »Die FCI-Goldstandards lesen sich für einen Tierpathologen in Teilen wie eine ausdrücklich formulierte Anleitung zum Unglücklichsein für die Objekte der Zucht.« Mehr noch: »Manche Details einiger Rassestandards könnte man problemlos als schriftlich formulierte Verstöße gegen das Tierschutzgesetz empfinden.«[95] Gruber leitet das Institut für Tierpathologie der Freien Universität Berlin und hat das Buch *Das Kuscheltierdrama* über das »stille Leiden der Haustiere« geschrieben. Darin beschäftigt er sich intensiv auch mit solchen Defektzuchten.

Ich traf ihn im Mai 2019, ein paar Wochen, bevor Toni zu uns kam. Damals begann ich, alles zu verschlingen, was über Hunde zu lesen und zu erfahren war. Darunter war auch Grubers Buch. Es bestürzte mich, was er schrieb. Qualzuchten kannte ich bis dahin vor allem bei den sogenannten Nutztieren: Puten, deren Brustmuskel so überdimensioniert gezüchtet wird, dass sie vornüberkippen und ihre Gelenke entzündet sind, weil ihre Körper die Last nicht tragen können. Die meisten überleben die Mast nur, weil sie mit Antibiotika vollgestopft werden. Auch bei Hühnern und Schweinen sind die lukrativsten Rassen jene, die (zu) schnell (zu) viele Muskeln ansetzen und deren Tiere darüber krank werden. Oder Milchkühe, die, auf Hochleistung getrimmt, nach wenigen Jahren ausgelaugt sind.[96] Aber mir war damals noch nicht klar, in welchem Ausmaß viele Hunde krank gezüchtet sind, ja, dass manches Aussehen auf bewusst herbeigeführten Missbildungen beruht – und wie viele Hunderassen das betrifft.

Gruber zeigte mir damals einen Chihuahua-Schädel, der aussah wie ein kleiner Ballon mit einem winzigen Gebiss vorne dran. »Manche Hunde wurden wirklich stupide gezüchtet, weil durch diese Kopfform auch Hirnmasse verloren geht«, sagte er, »die haben dann, um das mal vorsichtig auszudrücken, ein deutlich reduziertes Verhaltensspektrum.« Als Tierpathologe schaut Achim Gruber regelmäßig in Abgründe. Auf seinem Seziertisch lagen schon strangulierte und gedopte Rennpferde, misshandelte Tiere, Opfer von Sodomie und ertränkte Kampfhunde. »Manchmal«, sagt Gruber, »schäme ich mich, der Spezies Mensch anzugehören.«

So erschreckend diese Einzelschicksale sind, mehr Sorgen noch bereiten ihm Defektzuchten. Große Hunde werden immer größer und bekommen Probleme mit ihren Gelenken, ein höheres Risiko für Knochenkrebs und die äußerst schmerzhafte und oft tödliche Magendrehung. Dackeln, Bassets und Corgies machen ihre zu kurzen und zu krummen Beine zu schaffen. Dieses Zuchtmerkmal kommt durch eine Fehlbildung der Knorpel zustande, der Chondrodystrophie, auf Deutsch: Kleinwuchs. Dieser Gendefekt, der dazu führt, dass das Wachstum der Beinknochen früh endet, führt auch zu minderwertigen Knorpeln der Bandscheiben und kann Vorfälle verursachen, die das Rückenmark quetschen. Manchmal so sehr, dass daraus die »Dackellähme« entsteht, die im schlimmsten Fall zur Querschnittslähmung führt. Jeder vierte Dackel erleidet laut Gruber mindestens einmal im Leben einen Bandscheibenvorfall, und ein Viertel dieser Dackel wird eingeschläfert.[97] Dackel, die einen sehr langen und geraden Rücken und sehr kurze Beine haben, sind für dieses Leiden prädestiniert.

Das Rassemerkmal des Ridgebacks zum Beispiel ist ein strichförmiger Haarwirbel, der entgegen der Fellrichtung entlang der Wirbelsäule verläuft. Dieser Ridge, der auch bei anderen Rassen vorkommt, ist eine während der embryonalen Entwicklung entstehende Fehlbildung, auf die bewusst selektiert wurde. Bei stärkerer Ausbildung des Defektes kann dann der sogenannte Dermoidsinus auftreten. Er ist gekennzeichnet durch eine als Strang fühlbare Verbindung, die bis zur Wirbelsäule reichen kann. Diese Einstülpungen der äußeren Haut können sich entzünden und zu schweren Erkrankungen führen, wenn sie den Wirbelkanal erreichen.

Viele erwünschte Farbmuster, etwa bei Dalmatinern, gehen mit einem Risiko für Taubheit einher. Australian Shepherds und

Shelties sind als sogenannte Merle-Schecken besonders beliebt. Sie sind in verschiedenen Farben gemustert: weiß, hellbraun und grau mit schwarzen Punkten. Manchmal haben sie auch ein Auge mit blauer Iris. Es sind überaus hübsche Hunde. Doch ihre Schönheit hat einen hohen Preis: Das Muster und die hellen Augen sind Ergebnis eines Gendefekts, der auch eine Fehlbildung des Innenohrs zur Folge haben kann. Das Merle-Gen führt, vor allem, wenn zwei Merle-Hunde miteinander verpaart werden, zu ein- oder beidseitiger Taubheit und Gleichgewichtsstörungen. Viele Welpen mit dem Merle-Gen werden blind geboren. Auch Herz, Knochen und Geschlechtsteile der Tiere können krankhafte Veränderungen aufweisen. Solche Merle-Hunde sterben oft, noch bevor sie geschlechtsreif sind. Aber auch bei Merle-Schecken, die diese Mutation auf nur einem Chromosomensatz tragen, können die Sinnesorgane entsprechend beeinträchtigt sein. Einer von hundert dieser Hunde ist von Geburt an taub.[98]

Atemlos

»Es gibt da eine Situation, bei der es mir regelmäßig eiskalt den Rücken hinunterläuft. Wenn ein Frenchie aus der Narkose aufwacht, müssen wir den Tubus zur Beatmung möglichst lange im Hals lassen, damit es nicht zum Kollaps der Atemwege kommt. Jeder andere Hund würde sofort versuchen, den Tubus loszuwerden. Aber bei Frenchies erlebe ich oft, wie sie es genießen, dass sie damit zum ersten Mal in ihrem Leben mühelos atmen können. Wenn ich den Tubus dann ziehe, sehe ich regelrecht die Resignation in ihren Augen.« Das erzählt mir bei meinem Interview der kritische Ulmer Tierarzt Ralph Rückert. »Anfangs dachte ich, das ist sentimentale Spinnerei. Aber ich habe mit vielen meiner Kolleginnen und Kollegen gesprochen, und die erleben diesen Moment ganz genauso.«

Keine Luft zu bekommen, ist schlimmer als Schmerzen. Die Angst zu ersticken ist wohl die schrecklichste, die es gibt. Viele Möpse und Französische Bulldoggen haben diese Todesangst ständig. Sie bekommen nicht mal im Ruhezustand genug Luft und versuchen deshalb oft, im Sitzen zu schlafen. Weil sie mit der Bauchpresse zusätzlich pumpen müssen, um Luft zu bekommen, wird Magensäure in die Speiseröhre gedrückt. Die entzündet sich dann chronisch, und die Hunde müssen sich oft übergeben. Das müssen sie ohnehin öfter als andere Hunde, weil ihr zu langes und oft verdicktes Gaumensegel einen fortwährenden Würgereiz auslöst – als hätten sie ständig einen Finger im Hals. Sie können keine großen Anstrengungen bewältigen, und bei wärmeren Temperaturen kollabieren sie – im schlimmsten Fall sterben sie. Hunde besitzen keine Schweißdrüsen, sie regeln ihre Körpertemperatur allein über die Nase. Ist die zu kurz, funktioniert das nur noch eingeschränkt. Achim Gruber erzählte mir damals, dass im Sommer regelmäßig Plattnasen im Kühlhaus liegen, die den Spaziergang oder das Ballspielen in der Mittagshitze nicht überlebt haben.

Der Tierarzt Gerhard Oechtering, Spezialist für Hals-Nasen-Ohren-Heilkunde und Leiter der Kleintierklinik der Universität Leipzig, hat 2012 mit zwei Kolleginnen eine Umfrage unter den Halterinnen und Haltern solcher extrem brachyzephalen Hunde gemacht. Mehr als die Hälfte der Teilnehmenden gab an, dass ihr Hund Atemprobleme beim Schlafen habe, ein Viertel, dass er im Sitzen schlafe, und elf Prozent, dass die Hunde Erstickungsanfälle im Schlaf hätten. Mehr als drei Viertel bekannten, dass die Tiere Probleme beim Fressen hätten, fast die Hälfte der Hunde übergibt sich mehr als ein Mal am Tag. Und mehr als ein Drittel der Tiere ist aufgrund der Atemnot schon einmal umgekippt. Die Hälfte davon hat dabei das Bewusstsein verloren.[99]

»Ohne Vertiefung im Schädel. Fang: ziemlich kurz, stumpf, quadratisch, nicht aufgebogen«, lautet der Rassestandard beim Mops. »Der Kopf der Bulldogge ist gekennzeichnet durch den verkürzten Oberkiefer- und Nasenbereich sowie durch eine leicht nach hinten geneigte Nase. Der Kopf muss kräftig, breit und quadratisch sein«, schreibt der FCI für die Französische Bulldogge vor. Die gezielte Zuchtauslese auf das Kindchenschema, das für immer kürzere Schnauzen sorgt, nennt Oechtering eine »menschengemachte Erbkrankheit«. Er hat eine Operationsmethode entwickelt, um diesen armen Tieren zu helfen. Dabei wird das Gaumensegel gekürzt, die Nasenlöcher und Nasenmuscheln werden erweitert, hervortretende Kehlkopftaschen entfernt und ebenso Gewebe, das die Atemwege blockiert. Tausende solcher Operationen hat Oechtering bereits durchgeführt. Bei ihm landen Möpse, Bullies und Frenchies aus ganz Europa. Denn trotz aller Aufklärung von Tierschutzverbänden und veterinärmedizinischen Organisationen, trotz der vielen Fernseh-Dokumentationen und Zeitungsberichte über das Leid der Plattnasen werden diese Hunde nach wie vor gezüchtet und vor allem reichlich gekauft. Und es werden insgesamt immer mehr: Hundehalterinnen und -halter müssen mittlerweile bis zu acht Monate auf einen OP-Termin bei Oechtering warten. Sie scheinen eine solche Operation von vornherein einzukalkulieren. Als Hunde-Upgrade sozusagen.

Aber diese Operation, die aufwendig, teuer und belastend für die Tiere ist, bewirkt nur, dass diese Hunde überhaupt frei atmen können. Rassen wie dem Mops und der Französischen Bulldogge wurden jedoch noch mehr gesundheitliche Probleme angezüchtet: deformierte Hüftgelenke, zu große Zähne im Verhältnis zum Kiefer, krankhafte Veränderungen im Mittelohr und im Gehörgang. Ihre Hautfalten auf der Stirn und um die Nase sind anfällig für Entzündungen. Der deformierte Schädel quetscht den Tränennasenkanal, und die Augenhöhlen sind nicht tief genug, was sie für Hornhautentzündungen und Verletzungen bis hin zur Blindheit anfällig macht. Gruber beschreibt in seinem Buch einen Fall, bei dem einem Mops das Auge herausfiel, als er vom Sofa sprang.[100]

Möpse können unter einer unheilbaren und tödlichen Gehirnhautentzündung leiden, die nur bei dieser Rasse vorkommt: Sie ist mit schweren Kopfschmerzen, Krampfanfällen und Gedächtnisverlust verbunden. Einer von hundert Möpsen geht daran elend zugrunde. Korkenzieherschwänze (Mops) und verkrüppelte Ruten (Französische Bulldogge) gehen mit einem Risiko für Missbildungen der Wirbelsäule einher. Auch diese Merkmale schreibt der FCI vor: »Rute hoch angesetzt, so eng wie möglich über die Hüfte gerollt«, heißt es im Mops-Standard, bei dem der Französischen Bulldogge steht: »Rute von Natur aus kurz, idealerweise ausreichend lang, um den Anus zu verdecken, tief angesetzt, eher gerade, an den Hinterbacken anliegend, am Ansatz dick, sich zur Spitze verjüngend. (…) Sie wird tief getragen. Selbst in der Bewegung darf sie sich nicht über die Horizontale erheben.« Von »Natur« kann allerdings keine Rede sein, schließlich gehört die Rute zum wichtigsten Kommunikationsmittel des Hundes. Nicht zufällig ist das Kupieren von Schwänzen in Deutschland verboten. Und apropos »Natur«: In ihr würden Plattnasen schlicht aussterben. Viele von ihnen können nicht einmal auf natürlichem Weg zur Welt kommen, sondern müssen per Kaiserschnitt geholt werden: Der Kopf ist zu groß für den Geburtskanal.

Liebe macht blind

All das ist schlimm genug. Doch zu den gesundheitlichen Problemen dieser Hunde kommen noch soziale dazu. Denn Möpse, Bulldoggen und Co. können mit ihren Artgenossen praktisch nicht mehr kommunizieren. Ihr deformiertes Äußeres, die in Falten gelegte Stirn, die Glupschaugen und ihr Röcheln, das wie ein Knurren klingt, kein Schwanz, der freundlich wackeln kann – all das macht sie für andere Hunde unlesbar und nicht selten bedrohlich. Toni kommt mit Plattnasen nicht klar; im besten Fall macht er einen Bogen um sie, hin und wieder verbellt er sie schon von Weitem. Mir tut das immer leid für die geschundenen Kreaturen, die in ihrem missgebildeten Körper gefangen sind. Aber Toni hat sich wohl bis heute nicht von dem Schrecken erholt, in den ihn ein solches Exemplar versetzt hat, als er noch klein und erst kurz bei uns war. Wir standen im Hundebedarfsladen und suchten Leckerli aus. Dann öffnete sich die Tür, und hereingeschoben kam eine riesige Bulldoggendame … im Hunderollstuhl: Ihr Hinterteil zog sie auf Rollen hinter sich her. Sie keuchte und japste so markerschütternd, dass es uns die Sprache verschlug. Toni hingegen bellte – zum ersten Mal, seit er bei uns war! – und konnte sich gar nicht mehr beruhigen. Die bemitleidenswerte Bulldogge muss auf ihn wie ein Monster gewirkt haben.

Die Französische Bulldogge ist eine der beliebtesten Hunderassen in Deutschland. In der Tasso-Meldestatistik 2020 steht sie auf Platz vier.[101] Aber wie um alles in der Welt konnten ausgerechnet diese kranken Tiere so sehr in Mode kommen? Gruber sieht darin eine problematische Vermenschlichung: »Die wirken besonders niedlich, weil sie so menschenähnlich sind. Die Köpfe sind rund, die Schnauze ist weggezüchtet, die Augen sind flach nach vorne gerichtet, die Stirn hoch. Die kann man mehr ins Herz schließen, weil sie uns optisch näher gerückt sind.« Doch es ist sogar noch absurder: So zeigen Untersuchungen, dass die Pflegebedürftigkeit und die Abhängigkeit, ja die annähernd völlige Hilflosigkeit dieser krank gezüchteten Hunde zu stärkeren Mensch-Hund-Bindungen führen als bei gesunden Hunden. In Großbritannien sind Französische Bulldoggen zur beliebtesten Hunderasse avanciert. 2019 veröffentlichte das Royal Veterinary College der University of London eine breit angelegte Studie mit dem Titel »Große Erwartungen, unbequeme Wahrheiten und die Paradoxien der Hundehalter-Beziehung zu brachyzepahlen Hunden«[102]. Sie belegt eine ausgeprägte Wahrnehmungsstörung unter den Plattnasen-Halterinnen und -Haltern. In ihr wurden 2168 Besitzerinnen und Besitzer von Möpsen, Frenchies und Bulldoggen befragt, deren Hunde im Schnitt wenig älter als zwei Jahre waren. Die Beziehungen zwischen den Menschen und ihren Hunden wurden in der Studie als extrem eng beschrieben. Zwanzig Prozent der Besitzer gaben an, dass ihr Hund mindestens eine Operation hinter sich hatte, mehr als zwei Drittel der Tiere hatten Probleme mit der Wärmeregulierung und 18 Prozent Probleme mit der Atmung. Dennoch hielten mehr als siebzig Prozent der Halterinnen und Halter ihren Hund für »sehr gesund« oder bei »bei bestmöglicher Gesundheit«. Studienleiterin Rowena Packer spricht von einer »brachyzephalen Krise« in Großbritannien. Nicht nur für die Hunde, sondern auch für ihre Besitzerinnen und Besitzer, die wegen dieser Krankheiten stark finanziell belastet sind. Das ist ein Grund, warum immer mehr kurzköpfige Hunde in Großbritannien in den Tierheimen landen. Packer legte ein Jahr später eine weitere Untersuchung vor: Danach wollen sich 93 Prozent der Besitzerinnen und Besitzer brachyzephaler Hunde mit hoher Wahrscheinlichkeit wieder ein Tier dieser Rasse zuzulegen, und mehr als zwei Drittel würden diese Rasse weiterempfehlen.[103] Genau das beobachte ich auch auf der Rassehundeshow in Rostock. Alle, die ihre Hunde hier ausstellen, lieben sie zweifellos. Sie haben sie auf ihrem Schoß sitzen, streicheln, herzen und betüddeln sie, verwöhnen sie mit Leckerli, tragen die Kleinsten auf dem Arm herum und decken sich mit Accessoires für ihre Lieblinge ein. An den Verkaufsständen gibt es Hundemäntel mit Pailletten, winzige Schneeanzüge mit funkelnden Sternchen, Leinen und Halsbänder mit Strasssteinen. Es ist, als hätte jemand eine Wagenladung Glitzer über einem Siechenhaus ausgeschüttet.

Seit Stunden bewege ich mich zwischen den vier Ringen hin und her, in denen an diesem Tag fast nur Rassen vorgeführt werden, die Qualzuchtmerkmale aufweisen: Cavalier King Charles Spaniel, Russkiy Toy, Brabanter Griffon, Chihuahua, Shih Tzu, Japan Chin, Chinesischer Schopfhund (nackt) und Pekingese. Ich finde das zunehmend bedrückend. Und wundere mich darüber, dass vor der Messehalle keine Proteste stattfinden und keine Tierschutzgruppen dort Infostände aufgebaut haben, um über Qualzuchten aufzuklären. Schließlich besuchen an diesem Wochenende 18000 Menschen die Messe, von denen etliche planen, sich einen Hund anzuschaffen.

Ich muss daran denken, was Thomas Busch vom Tierärztepool bei unserem Besuch der Smeura in Rumänien sagte: »Ist es nicht pervers, dass eine junge Familie, die einen Familienhund sucht und in einem deutschen Tierheim vielleicht nicht fündig wird, weil es dort eher schwer vermittelbare Hunde gibt, zum Züchter geht und sich für sehr viel Geld einen Rassehund kauft, den wir als Tierärzte wieder zu einem halbwegs normalen Hund gesund operieren müssen – und ein paar Flugstunden entfernt werden die süßesten Welpen euthanasiert, weil man nicht weiß, wohin damit?« Ich schicke Thomas ein Foto, das zeigt, wie eine Frau mit pinkfarbenem Jackett, auf dessen Rücken ein Hundekopf aus rosa und weißen Glitzersteinchen prangt, einen Nackthund durch den Ring führt. »Das ist nach Rumänien natürlich ein starkes Ding«, schreibt er, und ich antworte: »Der Unterschied zu Rumänien: Hier werden Hunde langsam umgebracht, weil sie zu Pflegefällen gezüchtet werden.«

Zuchtverbände in der Kritik

In dem Ring, an dem ich stehe, werden nun Möpse vorgeführt. Einige von ihnen sitzen bis zu ihrem Auftritt in verhängten Rollkäfigen und Hunde-Buggys. Vielleicht, damit sie ihren Atem für die Präsentation sparen? Die gedrungenen Tiere mit dem flachen Gesicht laufen mit ihren Frauchen und Herrchen im Kreis. Schließlich werden sie auf einen hohen Tisch gehoben, wo der Ringrichter sie bewertet. Verstörend, dabei zuzusehen. Der von mittlerweile mehr und mehr Tierärztinnen und Tierärzten immer lauter vorgetragene Protest gegen die Zucht von Plattnasen dürfte auch diesem Richter nicht entgangen sein. Zumal er sogar selbst Tierarzt ist. Und dass all die Möpse, die auf seinem

Tisch landen, zu kurze Köpfe haben, ist auf den ersten Blick erkennbar. Aber die Richterinnen und Richter prüfen nur, ob der vorgeschriebene Rassestandard eingehalten wurde oder nicht. Abweichungen wie zu enge Nasenlöcher oder ein schadhaftes Gebiss können zwar auch tiermedizinische Relevanz haben, aber in erster Linie geht es um Äußerlichkeiten. Deshalb stehen FCI, VDH und andere Verbände auch zunehmend in der Kritik: 2021 veröffentlichte der Jurist Thomas Cisvorius ein Rechtsgutachten, das die Berliner Tierärztekammer in Auftrag gegeben hatte. Es besagt, dass Veranstalter von Hundeausstellungen, Zuchtrichterinnen und -richter und Personen, die die Zucht und den Verkauf von defektbelasteten Tieren auf diese Weise fördern, mitverantwortlich und gegebenenfalls sogar Mittäterinnen und -täter beim Verstoß gegen das Verbot von Qualzuchten seien: »Wer als Schausteller, Veranstalter, Zuchtrichter oder Verbandsvorstandsangehöriger Preise auslobt, schriftliche oder mündliche Anregungen erteilt oder anderweitige Anreize zur Qualzucht schafft und dadurch erkennbar bewirkt, dass tierquälerisch belastete Wirbeltiere entstehen, kann wegen Anstiftung zur Tierquälerei ebenso belangt werden wie der die Tatherrschaft innehabende Qualzüchter selbst.«[104]

»Wir Tierärzte dürfen uns nicht länger zum Reparaturtrupp der Hunde- und Katzenzüchter degradieren lassen«, schrieb Gerhard Oechtering schon 2013 in seinem Aufsatz »Wenn Menschen Tiere verformen«.[105] Darin kritisiert er, dass der Rassezucht von Schautieren eine unabhängige und fachkundige Qualitätskontrolle fehle. Zuchtbedingte Fehlentwicklungen und Beeinträchtigungen würden von Laienrichterinnen und -richtern nicht oder zu spät erkannt, »mitunter auch absichtlich ignoriert«. Die Kritik kommt längst nicht mehr nur von einzelnen Tierärztinnen und -ärzten, sondern auch von den großen Verbänden, namentlich der Bundestierärztekammer und der Deutschen Veterinärmedizinischen Gesellschaft. Kritik üben auch zahlreiche große Tierschutzorganisationen wie der Deutsche Tierschutzbund, die Welttierschutzgesellschaft, VIER PFOTEN, PETA, Tasso, die Albert-Schweitzer-Stiftung und der Bund gegen Missbrauch der Tiere, um nur einige zu nennen. Der Verband für das Deutsche Hundewesen streitet zwar nicht ab, dass es gravierende Probleme gibt, aber er wehrt sich gegen die Kritik. So schreibt der VDH-Präsident Peter Friedrich 2019 in einem Aufsatz über die »zehn Dilemmata brachyzephaler Hunderassen«, dass es »gesunde langlebige brachyzephale Hunde in beachtlichen Zahlen« gebe, aber nur »kein hinreichendes Wissen darüber, wie sich diese morphologisch und genetisch von weniger fitten Individuen unterscheiden«.[106]

Dieses Wissen zu schöpfen, setze voraus, »dass es genügend brachyzephale Hunde mit einem ungestörten Luftfluss gibt, was zu untersuchen bleibt«. Dafür fehle ein »valides, objektives, zuverlässiges, alltagstaugliches diagnostisches Instrument, das fitte Hunde von funktionseingeschränkten trennt«.

Tierarzt Ralph Rückert, der sich vehement gegen Qualzuchten einsetzt, nennt das eine Nebelkerze und findet deutliche Worte:

»Das mag für eine Rasse wie den Deutschen Boxer zutreffen, wo es tatsächlich (noch) solche und solche gibt, was die Atmung angeht. Was die Französische und die Englische Bulldogge und den Mops betrifft, ist diese Prämisse einfach vermessen und im Bereich der Lächerlichkeit«, sagt er. »Ich kann nur immer wieder betonen: Wenn man einfach nur ein Röntgenbild eines Frenchie- oder Mopsschädels einem von einer normalnasigen Rasse gegenüberstellt, dann weiß man selbst ohne tiermedizinische Sachkunde, allein auf der Basis von gesundem Menschenverstand, Empirie und Empathie, jenseits jeden Zweifels, dass die Strukturen, die der liebe Gott, die Natur, die Evolution für den Hetzjäger Hund vorgesehen hat, in so eine Schädelform einfach nicht reinpassen können! Da gibt es gar nix zu erforschen!« Auch andere kritische Tierärztinnen und Tierärzte widersprechen. »Französische Bulldoggen haben keine Chance, gesund zu sein«, sagt Oechtering. »Ihr Hund hat Mops« ist mittlerweile eine tierärztliche Diagnose.[107]

2009 führte der Deutsche Mopsclub einen Belastungstest ein. In diesem müssen die Tiere eine Wegstrecke von einem Kilometer in maximal elf Minuten zurücklegen. Der Test ist Voraussetzung für die Zuchtzulassung und gilt als bestanden, wenn sich die Frequenzen von Herz und Atmung nach spätestens 15 Minuten Erholung wieder normalisiert haben. 2012 untersuchte Verena Marlene Martin in ihrer Dissertation an der tierärztlichen Fakultät der Universität München solche Belastungstests. 42 Standard-Möpse wurden darin untersucht. Davon fielen 14 durch, und bei sechs Möpsen musste der Test vorzeitig abgebrochen werden. Sieben Möpse hatten bereits im Ruhezustand eine erhöhte Atemfrequenz. Fünf von diesen hielten auch die elf Minuten Laufen nicht durch und erholten sich nicht binnen einer Viertelstunde. Zählt man sie zur Gruppe »nicht bestanden«, steigt die Durchfallquote auf 52,4 Prozent. »Das bedeutet, dass über die Hälfte der Möpse, die zur Zucht eingesetzt werden sollten, sich als zuchtuntauglich erweisen«, schreibt Martin und resümiert: »Eine erschreckend hohe Zahl dafür, dass die Zahl der Mopswelpen sich in den letzten Jahren vervierfacht hat.«[108]

Nun hat der Verband für das Deutsche Hundewesen in Zusammenarbeit mit der Bundestierärztekammer und der Deutschen Veterinärmedizinischen Gesellschaft eine Initiative gestartet, »um die Gesundheit der Rasse Mops« zu verbessern. Dafür hat der Veterinärmediziner Ingo Nolte von der Tierärztlichen Hochschule Hannover einen neuen Fitnesstest entwickelt.[109] Dabei werden bei verschiedenen Laufgeschwindigkeiten und in unterschiedlichen Zeiträumen Herz- und Atemfrequenz der Probanden gemessen und andere Untersuchungen durchgeführt.[110] Ziel sei, »in der Mopspopulation die belastbaren und somit gesunden Hunde als Grundlage einer besseren Zuchtrichtung zu identifizieren«. Man sei »überzeugt, mit dieser groß angelegten Studie eine solide Basis für die Sanierung der Rasse schaffen zu können« und wünsche sich »eine unbeschwerte Zukunft für den sprichwörtlich fidelen Mops«. Bei diesem Test also soll der Hund auf einem Laufband 15 Minuten »mit einer der Rasse angepassten Geschwindigkeit (4–8 km/h)« laufen. Während des Laufens soll der Herzschlag mindestens um 40 Prozent des Ausgangswertes, aber nicht über 80 Prozent des Ausgangswertes ansteigen, »um den Hund nicht zu gefährden«. Besteht der Hund den Test, kann er also ein bis zwei Kilometer ohne Probleme laufen, bekommt er eine Empfehlung für die Verwendung zur Zucht.[111] Wenn ich daran denke, dass Toni sogar am Ende einer siebenstündigen Bergtour, wenn wir selbst schon aus dem letzten Loch pfeifen, noch mal in den dritten Gang schaltet, dann kommt mir dieser Test reichlich absurd vor. Schließlich ist der Hund ein geborenes Lauftier, qua seines Ursprungs ja sogar ein Hochleistungsläufer.

Kreuzungen mit anderen Rassen missbilligt der Verein. Dabei gibt es bereits sogenannte Sport- bzw. Retromöpse, die einen deutlich längeren Fang haben. Bei diesen wurden Terrier oder Pinscher eingekreuzt. Alle sieben Retro-Möpse, die Verena Marlene Martin in ihrer Studie zum Vergleich heranzog, bestanden den Test. Retro-Möpse werden in Vereinen außerhalb des VDH gezüchtet. Jener bezeichnet solche Hunde als »experimentelle Entwicklungszucht« und besteht auf dem Erhalt der reinen Rassen und Standards: »Den Rassetyp im Grundsatz erhalten sehe ich auch dann, wenn die Hunde ein klein wenig leichter und ein klein wenig länger im Fang würden, aber immer noch im Rahmen eines Exterieurs blieben, das auch heute schon die Wertnote ›vorzüglich‹ erhalten könnte«, schreibt VDH-Präsident Peter Friedrich. Die Formwertnote »vorzüglich« gibt es bei solchen Wettbewerben nur für Hunde, »die in hohem Maße dem Standard entsprechen«.

Alles soll anders werden, aber bleiben, wie es ist? Ein Zuchtverbot wie in den Niederlanden lehnt der Verband für das Deutsche Hundewesen ab, er kritisiert auch das Ausstellungsverbot solcher Hunde. Es greife zu kurz, wenn nur das Ausstellen der Tiere verboten sei, aber an die Züchterinnen und Züchter keine Vorschriften ergingen, sagt VDH-Sprecher Udo Kopernik. Das ist sicher richtig. Womöglich geht es dem Verband noch um etwas anderes: »Stellen Sie sich vor, jeder Hund einer kritisch beäugten Rasse müsste am Tag einer internationalen Rassehunde-Ausstellung vor dem Einlass von Veterinären dahingehend kontrolliert werden, ob er Risikodispositionen aufweist, und Hunden mit Negativmerkmalen bliebe der Zugang zur Ausstellung versagt. Reden wir nicht drum herum, damit käme der Ausstellungsbetrieb zum Erliegen«, schreibt VDH-Präsident Friedrich.[112]

Schweres Erbe von Promi-Vätern

Im großen Ring in der Mitte der Halle sind auf einem langen Tisch Dutzende golden glänzende Pokale aufgebaut. Nun beginnt der wichtigste Teil der Show: die Wettbewerbe. In den Ringen als »vorzüglich« oder »sehr gut« bewertete Hunde treten, nach Geschlecht getrennt, in Klassen gegeneinander an – etwa in der Jüngsten-, Gebrauchshunde-, Veteranen- oder Championklasse. Schließlich konkurrieren die besten Hündinnen und Rüden jeweils um den Titel »Best of Breed« und »Best of Opposite Sex«. Die Rassebesten nehmen dann, aufgeteilt in zehn FCI-Gruppen, am Gruppenwettbewerb teil. Aus den Gruppensiegern (»Best in Class«) wird der beste Hund zum Sieger der Ausstellung (»Best in Show«) gekürt. Eine Besitzerin führt einen Shar Pei in den Ring. »Hautfalten am Schädel und am Widerrist, kleine Ohren und ein Fang, der dem eines Nilpferdes gleicht, verleihen ihm ein einzigartiges Aussehen«, schreibt der FCI-Standard vor. »Fälschlicherweise wird immer wieder geschrieben, dass sie übermäßig Falten haben, aber das stimmt nicht. Nur als Babys haben sie die. Alles, was da geschrieben wird, ist Quatsch«, sagt der Moderator ins Mikrofon. Aber natürlich hat der Hund reichlich Falten, das ist schließlich sein Markenzeichen, und so heißt er ja auch: Chinesischer Faltenhund. Ich frage mich: Sieht der Mann das wirklich nicht?

Im letzten Wettbewerb des Tages treten schließlich die Hunde der FCI-Gruppe 9 gegeneinander an, die Gesellschafts- und Begleithunde. In dieser Gruppe sind auch all jene problematischen Kleinhunderassen vertreten, die ich an diesem Tag beobachtet habe. Von den 25 Hunden, die in den Ring geführt werden, weist mehr als ein Drittel Defektzuchtmerkmale auf. »Keiner soll sagen, es gäbe keine Möpse mehr! Jetzt kommt er:

der Mops!«, ruft der Moderator mit fast schon trotziger Begeisterung. »Und Sie sehen, die Rasse muss laufen können, sie darf nicht röcheln, sie muss frei atmen können.« Ich sehe einen Mops, der mit offenem Maul läuft, aber der Moderator beharrt darauf: »Würden die Richter irgendeine Auffälligkeit spüren bei dieser Rasse, die würden sofort disqualifiziert werden, ich habe es schon gesagt, nur gesunde und funktionsfähige Hunde finden Eingang in die Zucht.«

Schließlich werden sieben Hunde in die engere Auswahl genommen: Zwergpudel, Chinesischer Nackthund, Französische Bulldogge, Boston Terrier, Tibet Spaniel, Shih Tzu und Lhasa Apso. Die beiden Letzteren und der Chinesische Nackthund stehen schließlich auf dem Siegertreppchen. Wäre das Ausstellungsverbot schon in Kraft und würde es dann auch wirklich konsequent durchgesetzt, wäre das Podest womöglich leer.

»Dafür müssen solche Ausstellungen sein: Nur auf solchen haben die Züchter die Möglichkeit, Deckrüden kennenzulernen. Da können sie schauen: Passt der, ist der schön, das ist der wichtigste Faktor für die Zuchtplanung«, hatte der Moderator zu Beginn der Preisverleihung gesagt. Besonders begehrt sind in der Zucht Rüden, die auf solchen Ausstellungen Titel oder Championate gewonnen haben. »Popular Sires« werden sie genannt, »beliebte Zuchttiere«. Welpen, deren Väter solche Schönheitskönige sind, lassen sich besser und teurer verkaufen. Manche Champion-Rüden, so schreibt Christoph Jung in seinem *Schwarzbuch Hund*, kämen auf je zwei- bis dreitausend Nachkommen.[113] Ein lukratives Geschäft, wenn man bedenkt, dass die Decktaxe zwischen ein paar Hundert bis 1 000 Euro betragen kann. Aber wenn nur einige wenige Hunde einer Rasse besonders viele Nachkommen zeugen, dann sinkt die genetische

Vielfalt. Damit steigt die Anfälligkeit für Krankheiten – und innerhalb der Rasse häufen sich die Gendefekte.

Qualzuchtrassen sind nicht das einzige Problem: Mittlerweile sind mehr als achthundert Erbkrankheiten beim Hund bekannt, und fast jedes Jahr werden neue entdeckt. Natürlich können auch Mischlinge an Erbkrankheiten leiden. Hüftgelenksdysplasien, Augenkrankheiten oder Taubheit gibt es auch bei Straßenhunden, und Inzest ist in solchen Populationen nie ausgeschlossen. Zwar schreibt der VDH seinen Mitgliedsvereinen vor, die Zuchtzulassung eines Hundes zu widerrufen, wenn bei seinen Nachkommen »eine für die Rasse besondere Häufung erblicher Defekte nachgewiesen wurde oder der Hund selbst zuchtrelevante Krankheiten oder Aggressivität aufweist«. Hunde, die prämiert werden, bekommen auch nicht automatisch eine Zuchtzulassung. Außerdem hält der VDH in seiner Zuchtordnung fest, »die Zuchtbasis möglichst breit zu halten«, und empfiehlt den Rassehunde-Zuchtvereinen daher, die Deckakte einzelner Rüden zu begrenzen. Er verbietet Inzest, also die Verpaarung von Geschwistern ersten Grades, und die von Elterntieren mit ihren Kindern. Außerdem müssen die VDH-Zuchtvereine erbliche Defekte – etwa Augen-, Herz- und Gelenkkrankheiten sowie Taubheit – mit wissenschaftlich begleiteten Zuchtprogrammen bekämpfen. Dafür gibt es zum Beispiel Gentests, mit denen sich einige Defekte nachweisen lassen. Sie sind verpflichtend für Züchterinnen und Züchter. So ist es immerhin möglich, Hunde, die solche Gendefekte tragen, zu identifizieren und von der Zucht auszuschließen. Aber es bleibt ein Problem: Der VDH erlaubt für die Zucht nur Hunde, deren Ahnen in mindestens drei aufeinanderfolgenden Generationen in einem Zuchtbuch des VDH oder des FCI anerkannt wurden.

Mit Rassehunden aus anderen Vereinen, die eine solche Ahnentafel nicht vorweisen können, darf nicht gezüchtet werden. So lassen sich einerseits Kontrollen besser durchführen, andererseits bedeutet das auch, dass die meisten Zuchtpopulationen seit mehr als hundert Jahren geschlossen sind – und der Genpool dadurch immer kleiner wird.

Ende der Rassehunde?

Ich fahre nach Himmelspforten. In dem niedersächsischen Ort mit diesem schönen Namen lebt Diana Plange. Sie ist Fachtierärztin für Tierschutz und Tierschutzethik, hat als niedergelassene Tierärztin gearbeitet, war Amtliche Tierärztin in Niedersachsen und Berlin-Spandau und schließlich Tierschutzbeauftragte des Landes Berlin. In ihrer Berliner Wohnung hat Plange schon wenige Wochen alte Welpen aufgepäppelt und gesund gepflegt, die sie bei illegalen Händlern konfisziert hatte. Als Amtstierärztin in Berlin-Spandau ordnete sie an, dass eine Züchterin von Nacktkatzen, denen nicht nur das Fell, sondern sogar die Tasthaare fehlten, ihren Deckkater kastrieren und die Zucht von Sphynx-Katzen beenden musste. Schließlich bestätigte das Berliner Oberverwaltungsgericht, dass es sich bei der Zucht von Katzen ohne Vibrissen, die als Sinnesorgane anzusehen sind, um Qualzuchten im Sinne des Tierschutzgesetzes handelt. Ein Meilenstein. Doch leider musste die Tierärztin erleben, dass Züchterinnen und Züchter davon unbeeindruckt diese und weitere Katzen unbehelligt weiterzüchten und verkaufen, obwohl sie von Gerichten als Qualzuchten verboten worden waren. Etwa Schottische Faltohrkatzen, bei denen eine schwere Erbkrankheit für die Knickohren sorgt, die mit Schmerzen und krankhaften Knochenveränderungen einhergehen. Seit sie in Rente ist, setzt sie sich nun noch intensiver dafür ein, Qualzuchten zu verhindern, und gibt ihre Erfahrungen aus dem Tierschutzvollzug an jüngere Kolleginnen und Kollegen weiter.

Diana Plange stammt aus einer Züchter-Familie und hat, der Tradition folgend, selbst Border Terrier gezüchtet – bis vor etwas mehr als fünfzehn Jahren. »Dann habe ich festgestellt, dass fast jeder vierte Hund an epilepsieähnlichen Krampfanfällen litt«, sagt sie. Die Erkrankung, die den betroffenen Hunden und ihren Besitzerinnen und Besitzern großes Leid bescherte, hat sie entdeckt und als Canine Epileptoides Cramping Syndrome (CECS) beschrieben. Ihre Zucht hat sie daraufhin aufgegeben. Für sie sind Qualzuchten wie Mops, Französische und Englische Bulldogge nur die Spitze des Eisbergs. Sie sagt: »Wir müssen mit dem Wahnsinn der Rassereinzucht aufhören.«

Klingt erst mal ziemlich radikal. Zwei Drittel der Hunde in Deutschland sind Rassehunde. Die unglaubliche Vielfalt von Hunderassen, vom winzigen Chihuahua bis zur riesigen Deutschen Dogge, erscheint uns ja normal, wir kennen es gar nicht anders. Doch in der rund 35 000 Jahre alten Entwicklungsgeschichte des Hundes macht die Rassereinzucht gerade mal ein halbes Prozent aus.[114]

»Wir müssen uns doch fragen, was wir wollen. Die meisten wünschen sich einen gesunden, freundlichen und fröhlichen Familienhund. Da ist es doch egal, wie der aussieht«, meint Diana Plange. »Wir müssen wieder dahin zurückkommen, primär gesunde Hunde zu züchten. Da kann es dann große, kleine und mittlere geben, mit kurzem oder langem Fell und in verschiedenen Farben – aber die werden dann eben nicht mehr aussehen wie ein Mops.«

Ich habe nie von einer bestimmten Rasse geträumt. Von dem Hund, den ich mir so lange gewünscht habe, hatte ich kein konkretes Bild vor Augen. Aber ich würde lügen, wenn ich behaupten würde, ich hätte keine Vorlieben. Mir haben immer Hunde gut gefallen, die aussehen wie einer, den ein Kind malt. Ein »Hund-Hund« ohne extreme Merkmale. So einer ist Toni, und natürlich ist er für mich der schönste Hund der Welt. Aber sein Äußeres war nicht der Grund, warum wir uns für ihn entschieden haben. Wir haben versucht, die emotionale Entscheidung, einen Hund zu uns zu holen, so rational wie möglich zu treffen. Und wir wollten genau das, was Plange beschreibt: einen gesunden, freundlichen und fröhlichen Familienhund. So stießen wir schließlich auf den Zwergschnauzer. Sein Aussehen wird nicht durch Gendefekte bestimmt, und er besitzt auch keine Qualzuchtmerkmale. Er hat einen normalen Hundekopf, eine lange Schnauze und lange Beine. Früher wurden ihm die Ohren und die Rute kupiert, aber das ist in Deutschland längst verboten. Sein Körper ist wohlproportioniert, und obwohl der »Zwerg« in seinem Namen steht, hat er nichts mit den üblichen Zwergrassen gemein: Er ist kein Schoßhund, sondern wurde, wie sein großer Bruder, der Riesenschnauzer, vor mehr als hundert Jahren als robuster kleiner Arbeitshund gezüchtet. Der Zwergschnauzer begleitete fahrende Händler und bewachte ihre Fracht. Außerdem hielt er Haus, Scheune und Stall frei von Mäusen und Ratten. Daher rühren auch seine Kennzeichen: Der Bart und die buschigen Augenbrauen sind keine Schönheitsmerkmale, sondern sollten ihn vor Bissen von Nagern schützen. Das ist für Toni allerdings irrelevant: Mäuse sind ihm völlig gleichgültig, er jagt lieber Tannenzapfen. Aber so war das früher: Da wurden Hunde nicht in erster Linie der Schönheit halber gezüchtet, sondern Temperament, Charakter und Äußeres wurden entsprechend ihren Aufgaben als Jagd-, Begleit-, Hüte- oder Wachhunde perfektioniert. Nicht auf den Geschmack der Besitzer kam es an, sondern auf Wesensmerkmale, Langlebigkeit, Ausdauer und Gesundheit.

Ich weiß, dass unsere Züchterin Tonis Vater vor allem seines Charakters wegen ausgesucht hat.

Trotzdem rutsche ich ein bisschen nervös auf meinem Stuhl herum, bevor ich mich zu fragen traue. »Also, wir haben ja auch einen Rassehund. Einen Zwergschnauzer. Wie sieht es bei dem denn so aus?«, frage ich die Tierärztin. »Na, das ist doch toll«, sagt Plange und strahlt, »das sind ganz süße Kerle. Ich hab mich immer gefreut, wenn die zu mir in die Praxis gekommen sind. Aber schauen wir doch einmal nach«, sagt sie und holt ein dickes Buch aus dem Regal: *Rassebedingte Krankheitsanfälligkeit bei Hunden und Katzen* von Alex Gough, das 500 Seiten dicke Standardwerk. Erst erschrecke ich, denn darin kommen tatsächlich ein paar Seiten zum Zwergschnauzer zusammen. Allerdings sind in diesem Buch alle verfügbaren Daten für Gendefekte bei Rassehunden zusammengetragen, und viele, die hier genannt werden, sind eher selten. Die häufigsten Defekte – etwa die progressive Retinaatrophie, eine Augenkrankheit, die zur Erblindung führt – konnte unsere Züchterin mittels Gentests bei Tonis Eltern ausschließen. Aber natürlich: Kein Hund ist vor schweren Krankheiten gefeit, und Gendefekte treten bei allen Rassen auf, auch beim Zwergschnauzer. Es lässt mir also keine Ruhe, und so suche ich nach weiteren Studien zum Zwergschnauzer – und werde zu meiner Erleichterung fündig beim britischen Veterinärmediziner Alex Gough. Gerade weil der Zwergschnauzer als so gesund beworben wird – etwa vom britischen Kennel Club –, hat sich Gough die Rasse genauer angeschaut und in einer Studie knapp 4000 Zwergschnauzer in Großbritannien untersucht.[115] Sein Ergebnis: Die häufigsten gesundheitlichen Probleme, die es bei Zwergschnauzern gibt, sind Zahnerkrankungen, Fettleibigkeit, Analsackverstopfung, Erbrechen und Ohrenentzündungen. Also die häufigsten Probleme bei allen Hunden, und bei keinem liegt der Zwergschnauzer über dem Durchschnitt. Möglicherweise liegt das auch daran, dass er kein Modehund ist, der massenhaft gezüchtet wird.

»Als Erstes müssen wir das Augenmerk auf die einfach festzustellenden sichtbaren Defekte richten«, sagt Plange. »Dann müssen wir an die unsichtbaren Defekte ran und schließlich an die Beschreibungen der Dispositionen für Erkrankungen in den einzelnen Rassen.«

Vor Kurzem hat sie zusammen mit einigen Kolleginnen das Qualzucht-Evidenz-Netzwerk (QUEN) gegründet. Herzstück ist eine öffentlich zugängliche Qualzucht-Datenbank: Darin finden sich eine Menge wissenschaftlicher Veröffentlichungen und Erkenntnisse zum Thema, daneben Gutachten und Empfehlungen, die Rassestandards des FCI, Gerichtsurteile und Anordnungen, illustrierte Merkblätter, die die Qualzuchtmerkmale und die Folgen beschreiben, sowie eine lange Liste mit Expertinnen und Experten. Damit will QUEN den bislang äußerst schleppenden Vollzug des Qualzuchtparagrafen im Tierschutzgesetz voranbringen und Veterinärämter unterstützen. Die Tierärztekammer Berlin, die Deutsche Juristische Gesellschaft für Tierschutzrecht (DJGT), der Deutsche Tierschutzbund und die Tierschutzbeauftragten der Bundesländer gehören ebenso zu den Kooperationspartnern wie die Tierschutz-Ombudsstelle Wien (TOW) und der Schweizer Tierschutz (STS). Zahlreiche veterinärmedizinische und Tierschutzorganisationen unterstützen das Projekt, das inzwischen auch international erfolgreich vernetzt ist.

Bislang waren diese relevanten Informationen auf viele verschiedene Quellen verteilt, die oft nicht einfach zu finden waren und immer zeitintensive Recherchen erforderten. Gerade weil der § 11b des Tierschutzgesetzes zwangsläufig allgemein formuliert ist und weil das BMEL-Gutachten so veraltet ist, müssen vollstreckungswillige Behörden viel Zeit aufwenden, um das benötigte Wissen zusammenzutragen. Ihnen will QUEN mit diesen gebündelten Informationen die Arbeit erleichtern. Denn von der Sorgfalt der Behörden hängt viel ab: Nur sie können das Ausstellungsverbot und das Verbot von Qualzuchten umsetzen.

»Das Verbot von Qualzuchten muss mit klaren Definitionen der für das jeweilige Tier entstehenden Belastungen versehen werden«, fordert Plange. Das könne in einigen Fällen zum Verbot ganzer Rassen führen, wenn diese sich etwa über einen Defekt wie etwa Haarlosigkeit definieren. Nicht nur die Ausstellung von Qualzuchten sollte endlich untersagt werden, sondern auch ihre ständige Präsenz in der Werbung. Darüber hinaus müssten Haltung, Import und Verkauf solcher Tiere verboten werden. »Wenn all das konsequent umgesetzt würde, dann wären wahrscheinlich achtzig Prozent der problematischen Zuchten verschwunden«, sagt Plange.

Allerdings sind viele Züchterinnen und Züchter überhaupt nicht registriert. »Achtzig bis neunzig Prozent sind Hobbyzüchter, die keiner großen Organisationen angehören, das sind die

Schlimmsten«, sagt Diana Plange, »aber ausgerechnet nach denen kräht kein Hahn – obwohl sie den größten Teil defekttragender Tiere züchten.«

Denn für die Zucht von Hunden (und Katzen) gibt es bisher keinerlei gesetzliche Vorschriften über das Tierschutzgesetz hinaus. Die Zuchtvorgaben privater Zuchtvereine und ihrer großen Dachverbände haben keinerlei rechtliche Relevanz. Ich bin einigermaßen bestürzt, als ich das höre. Denn das bedeutet, dass jeder und jede Hunde vermehren kann, wie er oder sie lustig ist, solange sie nicht zufällig ins Visier der Überwachungsbehörden geraten. Ohne rechtlich wirksame Zuchtzulassung, ohne gesetzlich geregelte Gesundheitskontrollen, ohne Sachkundenachweis, ohne Prüfung, welche Gendefekte und Erbkrankheiten bei der Verpaarung weitergegeben werden. Verkaufsportale wie eBay Kleinanzeigen, Quoka oder Deine Tierwelt sind voll von entsprechenden Anzeigen. Denn mit gerade gefragten Rassen lässt sich ordentlich Geld verdienen: Für Zwergspitz-Welpen – auch so eine hochproblematische, überzüchtete Moderasse – werden Preise bis zu 4500 Euro aufgerufen. Aber nur wer gewerbsmäßig züchtet, braucht eine Genehmigung des zuständigen Veterinäramtes. Das ist laut Tierschutzgesetz aber erst bei »drei oder mehr fortpflanzungsfähigen Hündinnen oder drei oder mehr Würfen pro Jahr« der Fall.

Die große Mehrheit der besonders angesagten Rassehunde, zu denen etwa auch Französische Bulldoggen und Möpse gehören, stammt nicht aus Zuchten, die Mitglied im Verband für das Deutsche Hundewesen sind. In der Tasso-Meldestatistik von 2020 steht etwa die Französische Bulldogge mit 13657 Neuanmeldungen auf Platz vier.[116] Doch für dasselbe Jahr weist die Statistik des VDH nur 193 bei VDH-Züchtern geborene

Frenchie-Welpen auf. Das sind gerade einmal 1,4 Prozent. Im Corona-Jahr 2020 wurden 433 600 Hunde neu im Haustier-Zentralregister Tasso angemeldet, 322 598, also drei Viertel, sind Rassehunde. Aber laut VDH-Statistik wurden bei den Mitgliedsvereinen 2020 nur 77 472 Rassewelpen geboren.[117] Das bedeutet, dass 76 Prozent dieser Hunde aus anderen Quellen stammen. Von Dissidenz-Züchtern etwa, wie der VDH jene Züchter nennt, die nicht Mitglied im Verband sind. Solche Züchter können möglicherweise bessere, aber eben auch schlechtere Standards haben. Oder von dubiosen Vermehrern, aus ausländischen »Puppy Mills« und dem illegalen Welpenhandel. Gegen dieses grausame Geschäft engagiert sich der VDH in einer gemeinsamen Initiative mit unter anderem dem Deutschen Tierschutzbund, VIER PFOTEN, Tasso und dem Bund gegen Missbrauch der Tiere.

Der Verband für das Deutsche Hundewesen wehrt sich gegen den Vorwurf, mit seinen Ausstellungen diesen Missstand zu befeuern, weil dort der Wunsch nach beliebten Rassehunden und Qualzuchten, die dort prämiert werden, erst geweckt würde. »Zu der Zeit, als so viele Hunde angeschafft worden sind, gab es wegen Corona ja gar keine Ausstellungen«, sagt VDH-Sprecher Kopernik. Allerdings bestand die große Diskrepanz zwischen bei Tasso registrierten Rassehunden und der VDH-Statistik genauso auch schon in den Jahren zuvor, und die Ausstellungen ziehen regelmäßig ein Massenpublikum an. Aber die Nachfrage nach Rasse- und Modehunden kann von seriösen Züchterinnen und Züchtern gar nicht in diesem Umfang bedient werden.

IV. KOMM, SÜSSER TOD

Der illegale Welpenhandel und seine Folgen

Die ganze Luft ist voll von Ammoniak, man kriegt darin kaum Luft. Die Augen tränen, weil alles voller Kot und Urin ist. Das ist schon körperlich schwer auszuhalten. Die Hunde sind verwahrlost, sie stehen in ihren eigenen Exkrementen. Die Mutterhündinnen sind reine Gebärmaschinen. Sie sind in ihren engen Buchten auch noch festgekettet und sehen in ihrem ganzen Leben kein Tageslicht. Sie sind verletzt und krank, ihre Augen sind entzündet, sie sind verfilzt, haben Parasiten und Hautkrankheiten. Manche von ihnen haben ein gebrochenes Rückgrat. Sie bekommen keine medizinische Versorgung, zu wenig Wasser, sie werden mit altem Brot und vergammeltem Fleisch gefüttert, manchmal auch mit toten Hunden. Die Hündinnen sind zu krank und zu erschöpft, um sich um ihre Welpen kümmern zu können. Wenn sie nicht mehr gebären können, werden sie ausgesetzt oder erschlagen. Die Welpen werden ihren Müttern viel zu früh entrissen, das ist ein Schock für sie und die Kleinen, die das oft nicht überleben. Aber auch das ist einkalkuliert, die Gewinnspanne ist groß genug.

Und aus solchen Verhältnisse kommen die Welpen, die im Internet angeboten werden.

Das erzählt Birgitt Thiesmann. Sie ist Expertin für illegalen Welpenhandel bei der Tierschutzstiftung VIER PFOTEN. Alleine ihr zuzuhören, ist so erschütternd, dass ich am liebsten schreien möchte. Das Geschäft mit Welpen aus Osteuropa ist die Schattenseite des Hunde-Booms, den die Corona-Pandemie nun noch verstärkt hat. Laut VIER PFOTEN wurden allein in Deutschland zwischen Januar und September 2021 rund eintausendfünfhundert Welpen aus illegalen Transporten und Zuchten sichergestellt. Das sind mehr als doppelt so viele wie 2020. Laut Deutschem Tierschutzbund werden jährlich eine halbe Million Hunde innerhalb der EU-Grenzen geschmuggelt. Wahrscheinlich sind es noch viel mehr.

Laut dem tschechischen Politikwissenschaftler Lukas Novotny ist der illegale Welpenhandel nach dem Drogen- und Waffenhandel das lukrativste kriminelle Geschäftsmodell.[118] Denn in kaum einem Geschäftsfeld lässt sich mit so geringen Investitionen ein so großer Gewinn erzielen. VIER PFOTEN hat bereits im November 2013 eine umfassende Recherche dazu vorgelegt.[119] Damals verdiente ein Händler in Deutschland bei einem durchschnittlichen Verkaufspreis von 1 000 Euro exakt 763 Euro pro Hund. 2017 zählte die Tierschutzorganisation mehr als 1,3 Millionen Hunde, die auf eBay angeboten wurden. Geschätzter Verkaufswert: mehr als eine Milliarde Euro.[120] Die Händlerinnen und Händler sind oft bereits wegen anderer Delikte polizeilich auffällig geworden. Kurz bevor ich nach Rumänien reiste, war dort ein Mädchenhändler-Ring aufgeflogen. Als dieses Business während Corona quasi zum Erliegen kam, stellten die Täter kurzerhand auf illegalen Welpenhandel um.

Tatort Internet

Es fällt schwer, etwas so Bezauberndes und Anrührendes wie einen Hundewelpen mit so viel krimineller Energie und Grausamkeit in Verbindung zu bringen. Das ist vermutlich auch der Grund dafür, dass das Geschäft so gut funktioniert. Alles beginnt mit einem niedlichen Foto und schönen Worten auf Online-Plattformen wie eBay Kleinanzeigen. Händlerinnen und Händler inserieren dort – oft anonym oder unter falschem Namen – Fotos von Welpen. Meist sind es heiß begehrte Moderassen wie Französische Bulldoggen, Möpse, Malteser, Chihuahuas oder auch Zwergspitze.[121] Melden sich genügend Interessenten und Käuferinnen auf eine Anzeige, werden die Welpen in den Vermehrerstationen in Osteuropa eingesammelt und von den Fahrern zu den Händlerinnen und Händlern gebracht, die sie schließlich den Käuferinnen und Käufern in Deutschland übergeben.

Hunderttausende Welpen werden in Polen, Tschechien, Ungarn, der Slowakei, Bulgarien, Rumänien, in Serbien, Russland und der Ukraine so produziert (anders lässt sich das gar nicht nennen), wie Thiesmann es beschreibt. Den Vermehrern entstehen so fast gar keine Kosten für den Unterhalt, das steigert die Gewinnspanne enorm. Doch die Welpen, die in dieses Elend hineingeboren werden, sind fast ausnahmslos schwer krank. Sie leiden an Parasiten und Infektionskrankheiten wie Parvovirose oder Staupe. Wenn sie von ihren Müttern getrennt werden, sind sie nur wenige Wochen alt. Je kleiner sie sind, desto niedlicher sehen sie aus, und desto besser lassen sie sich verkaufen. Das ist nicht nur für die Mütter jedes Mal wieder traumatisch, sondern vor allem für die Jungen, denn die ersten zwei Monate ihres Lebens sind für Welpen die wichtigste Prägephase, in der sie von ihren Müttern und Geschwistern Sozialverhalten lernen. Züchterinnen und Züchter in Deutschland dürfen ihre Welpen frühestens mit acht Wochen weggeben, das schreibt das Tierschutzgesetz vor. Hunde wiederum, die nach Deutschland gebracht werden, dürfen nicht jünger als 15 Wochen alt sein, denn sie müssen gegen Tollwut geimpft sein. Das ist erst mit zwölf Wochen möglich, und der Impfschutz wirkt erst nach drei Wochen. Kommen sie aus nicht gelisteten Drittländern wie Serbien, müssen sie sogar sieben Monate alt sein. Also werden die Tiere mit gefälschten Impfpässen auf die Reise geschickt. In Kisten, Taschen und zu engen Käfigen werden sie in die Transporter gequetscht. Um die lange Fahrt zu überstehen, bekommen sie Antibiotika. Damit sie ihren Käuferinnen und Käufern bei der Übergabe fröhlich und gesund erscheinen, werden ihnen Aufputschmittel wie Adrenalin gespritzt. Oft lässt die Wirkung der Medikamente schon auf der Fahrt ins neue Zuhause nach, ihr Zustand verschlechtert sich dann meist rapide. Viele der geschmuggelten Tiere überleben nicht einmal die ersten Tage. Doch dann sind die Händlerinnen und Händler längst über alle Berge.

Aller Aufklärung zum Trotz

Vor einigen Jahren, lange, bevor wir über einen eigenen Hund nachdachten, sah ich zum ersten Mal einen Report über den illegalen Welpenhandel. Ich weiß noch, wie entgeistert ich damals vor dem Fernseher saß. Mir ein derartig abscheuliches Verbrechen vorzustellen, dafür hatte mir bis dahin die Fantasie gefehlt. Mittlerweile aber gibt es kein Medium mehr, das nicht schon über die skrupellosen Machenschaften der Welpen-Mafia berichtet hätte. Auf nahezu allen Fernsehsendern sind Dokumentationen gelaufen und erschütternde Bilder aus den Vermehrungsstationen gezeigt worden. Sämtliche Tages- und Wochenzeitungen haben Reportagen veröffentlicht. In den Lokalteilen häufen sich die Berichte über Sicherstellungen geschmuggelter Welpen durch die Polizei. Sämtliche Tierschutzorganisationen klären in Kampagnen über den illegalen Handel mit Hunden auf. An Informationen mangelt es also nicht. Als ich dieses Buch plante, dachte ich, ich müsste darüber nicht auch noch etwas schreiben.

Aber Corona hat mich eines Besseren belehrt.

»Ja, eigentlich sollte es jetzt wirklich jeder mitgekriegt haben«, sagt Birgitt Thiesmann. Ich treffe sie im November 2021, und es braucht mehrere Anläufe, bis unser Treffen zustande kommt. Denn Thiesmann ist eine gefragte Frau: Immer wieder ist sie zu Beschlagnahmungen oder Recherchen vor Ort unterwegs oder zu Drehs mit Fernsehsendern, die sie dabei begleiten. Kaum eine Dokumentation, in der sie nicht zu Wort kommt. Oft spielt sie dann den Lockvogel für Händler und gibt sich als Interessentin für inserierte Welpen aus. Keine andere kennt die Strukturen dieses Geschäfts und das Elend der Hunde so gut und so lange wie sie. Seit 2009 arbeitet die ehemalige Journalistin ausschließlich zu diesem Thema, »eigentlich fast 24 Stunden am Tag«, sagt sie, während sie auf dem Sofa sitzt und ihrem Terriermischling Rudi den Nacken krault, »aber wir dürfen nicht lockerlassen«. Gerade jetzt nicht. Denn seit sich mit Beginn der Corona-Pandemie auf einmal so viele Leute einen Hund angeschafft haben, ist der Welpenhandel explodiert und hat nie gekannte Ausmaße erreicht. VIER PFOTEN hat ausgerechnet, dass sich währenddessen jeder sechste Deutsche einen Hund angeschafft hat. Laut der Tierrechtsorganisation PETA wurden allein 2021 in Deutschland jeden Monat rund 37 000 Annoncen für Hunde auf den fünf größten Onlineplattformen geschaltet. 70 Prozent davon waren Angebote mit Welpen. Während von Januar bis März fast 97 000 Angebote online gestellt wurden, waren es zwischen April und Juni über 125 000 Anzeigen mit einem oder mehreren Hunden.[122]

Thiesmann beobachtet solche verdächtigen Anzeigen im Internet und recherchiert, wie sie miteinander zusammenhängen und welches Netzwerk dahintersteckt. Sie befragt Betroffene, die sich bei VIER PFOTEN melden, und versucht, weitere Opfer zu finden, die möglicherweise demselben Händler auf den Leim gegangen sind. Sie arbeitet eng mit der Polizei sowie mit Informantinnen und Informanten zusammen.

Sie zeigt mir auf ihrem Laptop die vielen Ordner, die sie zu den verschiedenen Fällen angelegt hat und die jeweils unzählige Dokumente enthalten. »Es kann Jahre dauern, bis sich ein Bild ergibt, aber dann wissen wir sehr gut, wie das Netzwerk funktioniert und wie wir sie erwischen können«, sagt sie. »Beschlagnahmt wird erst, wenn wir uns wirklich zu hundert Prozent sicher sind.« In 99,9 Prozent der Fälle wäre die Gefahr zu groß, dass ihnen ein großer Fang durch die Lappen geht, die Händler und Händlerinnen untertauchen oder in einem anderen Bundesland einfach weitermachen.

Laut einer repräsentativen Umfrage, die VIER PFOTEN im August 2020 in Deutschland gemacht hat, gaben zwar 87 Prozent der Befragten an, vom illegalen Welpenhandel gehört zu haben. Ein Prozent war selbst davon betroffen, zwei Prozent kannten Betroffene. Doch 22 Prozent der Hundebesitzerinnen und zwölf Prozent der Hundebesitzer sagten auch, dass sie ihr Tier online gekauft hätten. 62 Prozent derer, die noch keinen

Hund hatten, spielten mit dem Gedanken, sich einen anzuschaffen. Von diesen Herrchen und Frauchen in spe wollte fast die Hälfte der 18- bis 28-Jährigen und ein gutes Drittel der 29- bis 49-Jährigen bei einer Verkaufsplattform im Internet nach einem Welpen suchen.[123] Schlimmer noch: Auf dem Höhepunkt des Hundebooms während der Pandemie, als bei seriösen Züchterinnen und Züchtern kein Hund mehr zu bekommen war oder nur mit extrem langen Wartezeiten, schalteten viele selbst Suchinserate nach bestimmten Rassewelpen auf Portalen wie eBay Kleinanzeigen. Leichtes Spiel für die Welpen-Händler: Sie mussten nur zugreifen. »Solche Suchanzeigen haben den illegalen Welpenhandel weiter befeuert«, sagt Thiesmann. Das erschwert außerdem die Arbeit der Tierschützerinnen und Behörden: »Wir bekommen von diesen Deals nichts mit und haben dann überhaupt nichts in der Hand – und die Käuferinnen und Käufer laufen geradewegs in ihr Verderben.«

Wie alle Tierschützerinnen und Tierschützer, die ich für die Arbeit an diesem Buch getroffen habe, ist Birgitt Thiesmann kämpferisch, warmherzig und empathisch. Obwohl sie so viel Elend gesehen hat, verurteilt sie diejenigen nicht, die Hunde im Internet gekauft haben. Hinters Licht geführte Käuferinnen und Käufer kontaktieren VIER PFOTEN fast jeden Tag, denn die Stiftung hat auf ihrer Homepage ein Meldesystem für Betroffene eingerichtet. »Die meisten fallen aus allen Wolken. Die tun mir leid, denn sie sind wirklich schlimm getäuscht worden«, sagt Thiesmann. »Viele unterschätzen das. Vielleicht kommt denen die Übergabesituation komisch vor. Aber in dem Moment, wo sie den Welpen in den Arm gedrückt bekommen, ist alles vergessen. Da setzt der Verstand aus, da bestehen die meisten nur noch aus Gefühl. Genau damit rechnen die Welpen-

Händler auch.« Und selbst manche, denen es dämmert, mit wem sie es gerade zu tun haben, wollen den Welpen dann eben aus den Händen solcher dubiosen Gestalten retten. Doch selbst die besten Absichten treiben das miese Geschäft nur weiter an. Und bescheren Käuferinnen wie Käufern viel Leid und dicke Rechnungen von Tierärztinnen und -kliniken.

Professionelle Verbrecher

Die Welpen-Kartelle gehen mittlerweile viel professioneller vor als noch vor ein paar Jahren. Die Zeiten, in denen Rassewelpen für ein paar Hundert Euro an einem Rastplatz nahe der Grenze verkauft wurden, sind so gut wie vorbei. Heute sind ihre Anzeigen bei eBay und anderen Plattformen von Angeboten seriöser Züchterinnen und Züchter kaum noch zu unterscheiden. Die Texte und schönen Fotos gleichen sich, meist sind sie schlicht geklaut oder kopiert. Die Welpen werden mit Ahnentafel und Heimtierausweis beworben und als »geimpft, gechipt und entwurmt«. Sie sind angeblich »mit Familienanschluss groß geworden« und in »liebevolle Hände abzugeben«. Sie kosten mittlerweile auch genauso viel oder sogar mehr als bei seriösen Züchterinnen und Züchtern. Bis zu 4000 Euro werden da für einen Rassewelpen aufgerufen; die Nachfrage gibt solche Preise offenbar her. Die Händler und Händlerinnen nutzen falsche Namen, Prepaidhandys und Fake-Adressen. Manche mieten eine Wohnung nur für Übergaben an und beschaffen sich irgendeine erwachsene Hündin, weil sie wissen, dass Welpenkäuferinnen und -käufern geraten wird, sich das Muttertier zeigen zu lassen. Manchmal werden Interessentinnen und Interessenten per Handy wie bei einer Schnitzeljagd von Ort zu Ort geschickt, um die Adresse zu verschleiern und mögliche Verfolger abzuschütteln. Oft findet die Übergabe dann doch auf der Straße statt, mit allerhand Ausreden dafür, warum gerade niemand in die Wohnung kann. Da schläft dann das Kind, oder die Frau ist krank. Das hat gerade während Corona bestens funktioniert. Kaum jemand schöpft während einer Pandemie Verdacht, wenn ein Treffen an der frischen Luft stattfinden soll. »Sie sind außerdem sehr misstrauisch geworden und schicken vor der Übergabe Späher los, die die Umgebung nach Polizei, Tierschützern und anderen Auffälligkeiten abchecken«, sagt Thiesmann. »Sie haben in all den Jahren dazugelernt und ihr Geschäftsmodell an Tierschutzkampagnen und die mögliche Verfolgung regelrecht angepasst.«

Und dann gibt es noch Fälle, in denen es beim besten Willen nicht möglich ist, Verdacht zu schöpfen. Da gibt es dubiose Züchterinnen und Züchter von begehrten Rassehunden, die zusätzlich zu ihren eigenen Würfen noch Welpen aus dem illegalen Handel weiterverkaufen. 2016 wurde im nordrhein-westfälischen Kreuztal ein Welpenhändlerring hochgenommen. Dort verkaufte eine Familie über mindestens zehn Jahre mehr als dreitausend Welpen aus Osteuropa mit gefälschten Stammbäumen und Papieren und gab sie als Hunde aus der eigenen Zucht aus. Die Käuferinnen und Käufer schöpften keinen Verdacht: Die Hunde wurden in einem regelrechten Prachtbau von einem Familienhaus übergeben. Sie konnten nicht wissen, dass sich weit hinten auf dem großen Gelände verwahrloste Verschläge befanden, in denen Hunde vegetierten. Ein sechzigköpfiges Sondereinsatzkommando der Polizei Hagen beschlagnahmte dort 108 Hunde und fand vier tote Tiere. Über Monate hatte die Polizei ermittelt und die Täterinnen und Täter observiert. Entscheidende Hinweise und Recherchen kamen von VIER PFOTEN.

Birgitt Thiesmann war bei der Razzia dabei: »Die Hunde haben versucht, aus ihren Verschlägen zu kommen, sie haben ohne Unterlass an den Gitterstäben gekaut, das war wirklich richtig, richtig schlimm.«

Ein Jahr später legte die Polizei im rheinland-pfälzischen Bornheim einer Tierärztin das Handwerk, die in ihren drei Häusern 44 Hunde, 18 Katzen und drei Kängurus (!) unter furchtbaren Bedingungen hielt. Knöcheltief standen die Tiere in ihren Fäkalien, als die Polizei sie befreite. Die Tierärztin hatte die Welpen dubioser Herkunft auf diversen Internetplattformen verkauft – unter verschiedenen Namen und Telefonnummern. Eine Frau, die dort einen Labrador-Welpen gekauft hatte, meldete sich schließlich bei VIER PFOTEN, nachdem der Kleine an Parvovirose gestorben war. Wie hätte sie auf die Idee kommen können, dass ihr ausgerechnet eine Tierärztin einen todkranken Hund ungeklärter Herkunft andreht? Recherchen von VIER PFOTEN, dem Südwestdeutschen Rundfunk und der Polizei Landau überführten schließlich die Frau.

Vermehrerstationen, wie sie Thiesmann sonst aus Osteuropa kennt, gibt es auch in Deutschland. Eine Woche, bevor wir uns treffen, wird VIER PFOTEN auf so einen Fall in Brandenburg aufmerksam. Dort befinden sich rund 30 erwachsene Hunde und Welpen verschiedener Rassen wie Yorkshireterrier, Pekingese Malteser, Shih Tzus und Collies in einem unscheinbaren Einfamilienhaus – verwahrlost, vernachlässigt, krank und traumatisiert. Sie sollen mit Medikamenten ruhiggestellt und im Krankheitsfall mit Elektroschocks getötet worden sein. Seit 15 Jahren werden dort Welpen aus unkontrollierter Vermehrung (Inzucht inklusive) auf Internetportalen verkauft. Den Behörden ist der Fall schon länger bekannt. 2018 kontrollierte das zuständige Veterinäramt das Haus. Doch daraufhin passierte: nichts. Birgitt Thiesmann ist an dem Tag vor Ort, als das Veterinäramt abermals kontrolliert, weil es eine Anzeige gegeben hatte. »Aber die Behörden haben ihren Besuch vorher angemeldet. Wir wussten nicht, ob in der Zwischenzeit womöglich das Haus sauber gemacht wurde. Jedenfalls kamen sie ohne Welpen heraus«, sagt Tiesmann. »Dabei haben wir gehofft, dass die Hunde beschlagnahmt und aus dieser Hölle gerettet werden.«

Dies ist kein Einzelfall. Tierschutzorganisationen beobachten schon lange, wie die zuständigen Behörden oft über Jahre und Jahrzehnte wegschauen. Diese Erfahrung hat auch Thiesmann gemacht: »Von hundert Veterinärämtern sind gefühlt neunzig nicht so, wie man sich das vorstellt«, sagt sie. »Statt auf Kooperation treffen wir oft auf Schweigen bis hin zur offenen Ablehnung. Fairerweise muss aber auch erwähnt werden, dass es ganz tolle Veterinärämter gibt, die sich alle Beine ausreißen, um uns zu unterstützen, und die auch am Ball bleiben. Leider sind die jedoch in der Minderheit.«

Das stärkste Gesetz kann nicht helfen, wenn sein Vollzug nicht stattfindet, verweigert oder gar verhindert wird. Und zwar ausgerechnet auch von jenen, von denen wir es am wenigsten erwarten würden: Tierärztinnen und Tierärzten.

In Kreuztal etwa hat eine hessische Tierärztin die kriminelle Hundehändler-Familie gedeckt und zehn Jahre lang mit Blanko-Impfausweisen versorgt. Mehr noch: Sie war sogar Mitinhaberin der »Zucht«. Die Tierärztekammer Hessen war jahrelang nicht entschlossen gegen sie vorgegangen, obwohl bei ihr Beschwerden über die unausgefüllten Impfausweise eingegangen waren. Auch sei der Landestierärztekammer mindestens ein Todesfall eines Hundes bekannt gewesen, und sie wusste auch, dass die Polizei bereits gegen die Tierärztin ermittelte. Das geht aus internen Unterlagen der Tierärztekammer hervor, die VIER PFOTEN und dem Hessischen Rundfunk vorliegen.[124] Die Landestierärztekammer stellte keine eigenen Ermittlungen an, wozu sie aber verpflichtet gewesen wäre.

Die Tierärztin aus Bornheim, die Hunde und Katzen desaströs hielt und todkranke Welpen verkaufte, wurde zwar zu neun Monaten Haft verurteilt, auch wurde ein mehrjähriges Berufs- und Tierhaltungsverbot gegen sie ausgesprochen. Doch weil die Frau in Berufung ging und ihre Strafe währenddessen nicht antreten musste, konnte sie ihr Geschäft im Elsass fortführen und von dort über Mittelsmänner Hunde nach Deutschland verkaufen. Das ist zwar ein besonders extremer Fall, und Sachverständige bescheinigten der Frau eine Persönlichkeitsstörung. Aber auch hier gab es Vorwürfe gegen das zuständige Veterinäramt: Dieses war schon 2009 auf die katastrophalen Haltungsbedingungen sowie Abrechnungsbetrug aufmerksam gemacht worden. Doch das Verfahren war gegen ein Bußgeld eingestellt worden. Recherchen des Südwestdeutschen Rundfunks ergaben 2017, dass der zuständige Amtstierarzt Aussagen von Praxismitarbeiterinnen infrage gestellt haben soll.[125] Zwar seien Auflagen gegen die Tierärztin verhängt worden, doch bei Nachkontrollen wollte das Veterinäramt keine Verstöße gegen tierschutzrechtliche Bestimmungen mehr gefunden haben.

Auch im bayrischen Königsmoos müssen die Behörden seit Jahren von den unhaltbaren Zuständen eines Hundehalters gewusst haben. Immer wieder seien dort Beschwerden von Nachbarn und Hundekäuferinnen eingegangen, doch nichts passierte.

VIER PFOTEN hatte schließlich über eine tschechische Tierschützerin Hinweise bekommen, dass der mit seinen Hunden überforderte Mann die Tiere nach Tschechien verkaufen wollte. Mit einem als tschechischem Käufer getarnten Tierschützer lockten sie den Hundehalter in die Falle und verständigten die Polizei. Die fand bei einer Razzia 134 verwahrloste, teils halb verhungerte und schwer kranke Hunde. »Brisant: Der befreundete Tierarzt kam am Morgen der geplanten Abschiebung ins Haus und ›frisierte‹ die Impfpässe mit vermeintlich gültigen Tollwutimpfungen, um den Transport nach außen hin zu legalisieren«, erinnert sich Thiesmann. »Von dieser strafbaren Dokumentenfälschung einmal abgesehen, hätte er dafür sorgen müssen, dass den schwer kranken, geschwächten und traumatisierten Hunde sofort geholfen wird. Stattdessen hätte er sie ins sichere Verderben geschickt.«

»Ohne Tierärzte, die in den illegalen Hunde- beziehungsweise in den Welpenhandel verstrickt sind, wäre dieses kriminelle Geschäft so nicht denkbar«, erklärt Birgitt Thiesman. Kirsten Tönnies, die praktische Tierärztin im hessischen Hattersheim ist, arbeitet eng mit Thiesmann zusammen. Sie hat stapelweise Impfausweise gesammelt, die für Welpen aus dem illegalen Handel ausgestellt waren. Sie sind entweder gefälscht oder nicht gesetzeskonform ausgefüllt. »Meine Erfahrung ist, dass es viele Tierärztinnen und Tierärzte gibt, die interessiert das nicht. Die machen das in vollem Bewusstsein, sie kassieren das schnelle Geld und kommen damit durch.« Einer der Kollegen, den sie damit konfrontiert habe, habe ihr gesagt: »Wissen Sie was, ich bin seit über zwanzig Jahren Delegierter der Landestierärztekammer, Sie können das ruhig melden, mir passiert sowieso nichts.«[126]

Ich habe das bei meinen Recherchen immer wieder gehört, dass Amtstierärztinnen und Amtstierärzte, die sich im Tierschutz engagieren oder diesen durchsetzen wollen, von Vorgesetzten gemobbt, gefeuert, versetzt oder Opfer von Intrigen werden. Auch von Betroffenen selbst. Dass ausgerechnet diejenigen, von denen wir glauben, sie seien die Anwältinnen und Anwälte der Tiere, an diesem Verbrechen verdienen oder es geschehen lassen, ist ein Skandal. Abgesehen davon, dass solche Leute kriminell agieren, fügen sie uns allen aktiv großen Schaden zu. Sowieso den Hunden. Aber auch Tierärztinnen und Tierärzten, die immer mehr solche schwer kranken Welpen behandeln müssen und darunter leiden, wenn sie ihnen nicht mehr helfen können. Den Tierschützerinnen und Tierschützern, die mit dem Elend wieder und wieder konfrontiert sind. Den Familien, die in die Falle der Welpenhändler getappt sind, hohe Tierarztkosten bewältigen müssen oder einen grauenhaften Todeskampf ihres Vierbeiners miterleben müssen. Den Tierheimen, die eine immer größere Zahl solcher Hunde aufnehmen und versorgen müssen, was sie an ihre emotionalen, räumlichen und finanziellen Grenzen bringt. Schließlich gefährden sie unsere Gesundheit und die unserer Hunde, weil die eingeschleppten Welpen mit gefährlichen Krankheitserregern und Parasiten infiziert sind, die sich hier ausbreiten können. Es ist womöglich nur eine Frage der Zeit, bis durch den illegalen Welpenhandel auch die Tollwut zurück nach Deutschland kommt. Dabei ist die tödliche und nicht behandelbare Viruserkrankung hierzulande längst ausgerottet. Doch im September 2021 starb in einer niedersächsischen Tierklinik ein Kangal-Welpe an Tollwut.[127] Eine Familie hatte den Hund in der Türkei »gerettet« und ihn illegal und ohne vorgeschriebene Tollwutimpfung nach

Deutschland importiert. Es musste ein Krisenstab eingerichtet werden, und mehr als vierzig Personen wurden notgeimpft. Glücklicherweise wurde niemand infiziert. Aber das muss nicht so bleiben: Schließlich sind so gut wie alle aus Ost- und Südosteuropa geschmuggelten Welpen zu jung, um vollständig gegen Tollwut geimpft zu sein.

Ich frage mich immer wieder, wie die Aktivistinnen und Aktivisten mit dem nicht enden wollenden Grauen klarkommen. »Jede Razzia und jede Beschlagnahmung sind ein Erfolg«, meint Thiesmann. »Und wir haben das große Glück, Tieren eine Stimme geben zu können. Wir können was für sie tun.« Und doch gibt es immer wieder Momente, in denen sie verzweifeln könnte. Kürzlich recherchierte sie zusammen mit der Tierärztin Kirsten Tönnies verdeckt in einer Welpenfarm in Belgien. Auch aus Deutschland fahren viele in das Nachbarland, um günstige Rassewelpen zu kaufen. Dort werden Hunde in solchen Welpenfarmen auf Teufel komm raus vermehrt. Belgien und die Niederlande sind Hauptumschlagplätze für Hunde aus Osteuropa. Es gibt dort riesige Zooläden, in denen Kundinnen und Kunden sich aus Dutzenden Rassen einen Welpen wählen können. Auf ansprechend gestalteten Online-Seiten können sie Hundebabys reservieren oder nach Hause bestellen, als wären diese bloß eine Pizza. Bis vor ein paar Jahren gab es in Lüttich sogar noch einen Haustiermarkt unter freiem Himmel, wo Hunde aus Käfigen heraus verkauft wurden. Der Markt war auch bei deutschen Käuferinnen und Käufern beliebt. Mittlerweile ist er verboten. Doch legal ist es am Hauptsitz der Europäischen Union weiterhin, Tiere aus Osteuropa als Massenware zu verkaufen. Die belgische Regierung hat dafür sogar eine White-List von osteuropäischen Importeuren erstellt – und legitimiert so das Verbrechen. »Bei vielen dieser Händlerinnen und Händlern konnten wir nachweisen, dass sie illegal arbeiten«, sagt Thiesmann. In der Welpenfarm entdecken Thiesmann und Tönnies unzählige zu junge, verstörte, kranke und sogar sterbende Hunde. »Wir haben gesehen, dass manche Hunde die Nacht nicht überleben werden. Aber wir konnten ihnen nicht helfen, weil das Geschäft in Belgien legal ist«, sagt Thiesmann. »Das war grausam. Wir saßen danach beide weinend im Auto.«

Das Milliardengeschäft Welpenhandel hinterlässt viele Opfer. Allen voran die misshandelten und missbrauchten Hündinnen und ihre kranken, traumatisierten Welpen. Käuferinnen und Käufer, die nichts ahnend skrupellosen Händlern auf den Leim gegangen sind. Aber auch diejenigen, die die Scherben aufkehren dürfen: die Tierheime.

Tierheime im Corona-Boom

Als Yumak zum allerersten Mal in seinem kurzen Leben auf Menschen traf, die es gut mit ihm meinten, war es zu spät. Eine Woche schon litt der winzige Malteser an schwerem Durchfall, bis seine Besitzer ihn endlich in die Tierklinik brachten. Zu diesem Zeitpunkt war der Welpe bereits kaum mehr ansprechbar, seine Beine trugen ihn nicht mehr. Womöglich hätte die Tierklinik sein Leben retten können, doch seine Behandlung hätte 1500 Euro gekostet. Zu viel Geld für seine Besitzer, sie gaben den todkranken Hund im Berliner Tierheim ab. Annette Rost, Sprecherin des Tierheims, hat noch deutlich vor Augen, in welch furchtbaren Zustand der Winzling dort ankam: »Aus jeder

Körperöffnung floss braune Brühe. Er starb den Tierärztinnen und Pflegern unter den Händen.« Nach nur 46 Tagen war sein Leben vorbei, und jeder einzelne davon nichts als Schmerz und Leid. Yumak stammte aus dem illegalen Welpenhandel, seine Besitzer hatten ihn im Internet gekauft – inklusive gefälschtem rumänischen Impfausweis.

Teddy überlebte ebenfalls nicht: Zusammen mit vielen anderen Maltesern kam er nach seiner Sicherstellung bei illegalen Welpenhändlern ins Berliner Tierheim. Seine Häufchen bestanden da nur aus Würmern, und schließlich bekam der Welpe blutigen Durchfall. Er starb mit gerade einmal sieben Wochen an Parvovirose.

Ein Schicksal, das auch Lulu teilt, die am Prenzlauer Berg ausgesetzt gefunden wurde, ungeimpft und schwer an Parvovirose erkrankt; sie stammte ebenfalls aus dem illegalen Handel. Tagelang kämpften im Berliner Tierheim Tierärztinnen und Pfleger um das Leben des Malinois-Mädchens. Doch auch Lulus kleiner Körper war zu schwach. Sie wurde nicht einmal drei Monate alt.

Kiwi immerhin hatte Glück: Auch sie litt an Parvovirose, doch der Praxis im Tierheim gelang es, ihr Leben zu retten. »Unser Pfleger kümmerte sich Tag und Nacht um sie«, erzählt Rost. Ihre Besitzerin ließ sich das Tier aus Polen liefern, für 1500 Euro. Zwei Tage später war das Zwergspitzmädchen jedoch krank. Die Behandlungskosten stiegen immer weiter, schließlich wurde sie der Besitzerin zu teuer, und so landete sie im Heim. »Sie war so winzig, gerade mal eine Handvoll«, sagt Rost, und sie ergänzt: »Wissen Sie, all dieses Elend macht auch etwas mit den Menschen hier. Als klar war, dass die Kleine überlebt, sind Tränen geflossen.«

Mittlerweile heißt Kiwi Luna und ist in gute Hände vermittelt. Aber das schwere Schicksal von Yumak, Teddy und Lulu soll nicht in Vergessenheit geraten. Im Sommer 2021 prangen Fotos der Welpen auf riesigen Todesanzeigen, die in ganz Berlin plakatiert wurden: »Tot wegen Profitgier! Wir trauern und klagen an!« ist darauf zu lesen. Es ist eine Kampagne des Tierschutzvereins Berlin und mehr als sechzig weiterer Tierschutzvereine in Deutschland. Als ich im Oktober 2021 das Tierheim in Berlin-Falkenberg besuche, waren seit Jahresbeginn insgesamt 106 Welpen aus dem illegalen Handel in der Quarantäne- und Krankenstation gelandet. Mehr als doppelt so viele wie vor der Corona-Pandemie. Die meisten stammen aus Beschlagnahmungen.

Das setzt den Mitarbeiterinnen und Mitarbeitern nicht nur emotional zu, es belastet die Tierheime auch finanziell. Allein die tierärztliche Behandlung eines Welpen, der an Parvovirose erkrankt ist, kann bis zu 2500 Euro kosten. Dazu kommen mehrere Hundert Euro für Laboruntersuchungen, Erstversorgung und Impfungen und weitere Kosten für Unterbringung, Futter und Pflege. Das Tierheim Nürnberg, das im März 2021 auf einen Schlag hundert sichergestellte Schmuggel-Welpen aufnahm, hatte bereits nach einem Monat 110000 Euro für sie ausgegeben.[128] Manche Tierheime müssen ihre Quarantänestationen baulich erweitern, um die wachsende Zahl kranker Welpen versorgen zu können. Öffentliches Geld gibt es dafür in den meisten Fällen nicht, »das wird auf dem Rücken der Bürgerinnen und Bürger von Spenden bezahlt, und die fehlen uns dann an anderer Stelle«, sagt Rost. Es ist aber noch viel schlimmer: Die kriminellen Netze versuchen mit allen Mitteln, ihre Ware – nichts anderes sind die Tiere für sie – wiederzubekommen. Das geht manchmal so weit, dass sie versuchen, in Tierheime einzubrechen oder die Mitarbeiterinnen und Mitarbeiter einzuschüchtern. Das Tierheim Passau, unweit der tschechischen Grenze gelegen und deshalb besonders stark von den Folgen des Welpenhandels betroffen, bekam nach einer Beschlagnahmung Drohanrufe aus Osteuropa. Aus Autos mit bulgarischen Kennzeichen heraus wurde das Tierheim ausgespäht. Die Mitarbeiter des Tierheims mussten die Hunde an einen geheimen Ort bringen und einen Sicherheitsdienst beauftragen. Oft bekommen die Händlerinnen und Händler die Hunde aber auf legale Weise zurück: Wenn sie dem Tierheim die Kosten für Unterbringung und medizinische Versorgung erstatten, muss dieses die Welpen herausrücken. So will es die deutsche Gesetzgebung, die auf diese Weise Kriminelle besser schützt als Tiere. Die Hunde, die von den Ärztinnen und Pflegern mühevoll aufgepäppelt und mit Liebe überschüttet wurden, gehen, wenn sie zu alt sind, um sie gewinnbringend zu verkaufen, zurück in die Vermehrungshölle Osteuropas.

»Für uns kommen mit dem Welpenhandel ganz neue Aufgaben dazu«, sagt Annette Rost. So hat sich das Berliner Tierheim die Mühe gemacht, tagelang Inserentinnen und Inserenten, die per Anzeige bei eBay und anderen Verkaufsportalen nach Welpen bestimmter Rassen suchten, zu kontaktieren und sie über den illegalen Welpenhandel aufzuklären. »Das Feedback war sehr positiv, die meisten haben ihre Anzeigen wieder gelöscht.«

Vor Corona seien es eher die sogenannten bildungsfernen Schichten gewesen, die sich einen solchen »Wühltischwelpen« im Internet kauften, weil sie unbedingt und sofort einen Modehund haben, aber nicht viel Geld dafür ausgeben wollten. »Aber jetzt sind das Akademikerinnen und Akademiker. Heute ist es der Herr Doktor, der nicht akzeptieren kann, dass er seinen Wunsch nicht erfüllt bekommt und nicht sofort einen Hund kaufen kann, wo doch jetzt alle einen haben und er ja sonst alles kriegt, was er will«, sagt Rost. »Das hat regelrecht narzisstische Züge angenommen.«

Ich erinnere mich daran, dass Ähnliches auch unsere Hundetrainerin beobachtet hat. Ihre Kundinnen und Kunden stammen fast alle aus der Münchner Mittelschicht, teils aus der gehobenen. Sie sagt: »Noch nie hatte ich so viele und verhaltensauffällige Welpen im Training wie in den letzten beiden Jahren. Leider auch Welpen, die aus ungeklärter Ursache in den ersten Monaten starben.« Oft merke sie bei auffälligen Welpen erst nach mehrmaligem Nachfragen, dass er vermutlich aus dem illegalen Handel stammt. Dann geben die Leute zu, dass da »schon irgendwas komisch« gewesen sei. Sie argumentierten dann, dass sie dem Hund wenigstens ein gutes Zuhause gegeben haben, selbst wenn er aus der Hand von Welpenhändlern gekommen sei. »Viele haben während Corona ja praktisch alles im Internet bestellt, und irgendwann dann halt auch ihre Hunde.«

»Die Leute können es nicht mehr aushalten zu warten«, sagt Annette Rost. »Der Egoismus ist so groß, da ist es egal, ob das Tier vielleicht sterben muss.« Natürlich, viele Menschen waren während der Pandemie besonders einsam. Uns allen haben die Kontakteinschränkungen zugesetzt. Ich kann sehr gut verstehen, dass dieser emotionale Ausnahmezustand bei vielen Zweibeinern den Wunsch nach einem tierischen Sozialpartner geweckt hat. Toni hat in unserem Fall ja wesentlich dazu beigetragen, dass wir in der Corona-Krise bislang keinen allzu großen seelischen Schaden nahmen. Und doch darf man nicht unverantwortlich und auf Kosten der Tiere handeln. Wie soll dieser Horror jemals enden, wenn selbst ansonsten reflektierte Menschen nicht mehr für Aufklärung zugänglich sind?

Natürlich habe ich gut reden, wir konnten uns unseren Wunsch nach einem Hund einige Zeit vor Corona erfüllen. Wir hatten Glück, schnell eine wunderbare Züchterin zu finden, die auch noch in unserer Nähe lebt und uns beiden Hundeanfängern einen Hund anvertraute. Dennoch haben wir ein halbes Jahr auf Toni gewartet. Saßen zu Hause auf dem Sofa, schauten auf die Stelle, wo heute seine Höhle steht, und wunderten uns, wie da schon eine Lücke sein konnte, wenn vorher gar nichts da gewesen war, sie zu hinterlassen. Um seinen errechneten Geburtstermin herum rief ich bei der Züchterin an und fragte, ob es schon Neuigkeiten gebe. »Ja, ja, ja«, rief sie freudig aufgeregt in den Hörer, »es ist gerade losgegangen, zwei sind schon da! Ich muss aufhören, Sarah braucht mich, sie bekommt gerade die nächste Wehe!« Unsere Vorfreude wuchs mit jedem Tag und mit jedem Besuch bei Toni, seinen wuseligen Geschwistern und seiner Mama Sarah. Ich möchte diese Erinnerung und Zeit nicht missen. Auch deshalb nicht, weil wir uns so in aller Ruhe auf seinen Einzug und unser Leben mit ihm vorbereiten konnten. Sechs Monate, das weiß ich heute, sind nicht einmal besonders lange. Ich kenne Hundehalterinnen, die haben sich ein Jahr und länger geduldet.

Schnell her, schnell weg

Das Berliner Tierheim liegt inmitten der ländlichen Idylle am nordöstlichen Stadtrand im Bezirk Lichtenberg, gesäumt von Feldern, Pferdekoppeln und Streuobstwiesen. Es ist eines der größten und modernsten in Europa: Runde Gebäude aus Sichtbeton mit großen Fenstern wechseln sich ab mit Seerosenteichen und großzügigen Grünflächen. Als ich mit Annette Rost über das weitläufige Gelände gehe, kann ich an vielen Orten sehen, dass sich hinter dem Haustierboom in der Corona-Pandemie vor allem Egoismus und Rücksichtslosigkeit verbergen. Es sind nicht nur Welpen aus dem illegalen Handel, die die Tierheime gegenwärtig ans Limit bringen und sie teilweise sogar zu einem Aufnahmestopp zwingen. Da sind die Hühner, weil Großstädter sich auf einmal einbildeten, sie müssten ihre eigenen Frühstückseier gelegt bekommen. Die Tiere lebten auf Balkonen und in Kartons und wurden beschlagnahmt. Da sind die 60 Kaninchen, eines niedlicher als das andere, und mindestens noch einmal so viele Meerschweinchen, Hamster, Mäuse und Chinchillas. Eltern hatten sie für ihre Kinder angeschafft, um ihnen im Lockdown die Langeweile zu vertreiben. Als die Kinder wieder in die Schule gehen und ihre Freunde treffen konnten, fielen die Tiere umgehend lästig. Also wurden sie ausgesetzt oder immerhin hier abgegeben. Und da sind die Corona-Katzen und -Hunde, die in den ersten beiden Wellen der Pandemie unüberlegt angeschafft wurden.

Zu Beginn des Lockdowns, erzählt Annette Rost, da sei das Telefon gar nicht mehr stillgestanden. Hunderte Anfragen habe es gegeben; sie mussten Wartelisten anlegen. Manche Interessentinnen und Interessenten seien dabei sehr fordernd aufgetreten, so als stünde ihnen ein Tier nachgerade zu. Und dann gab es noch solche, die auf die wahnwitzige Idee kamen, sie könnten sich für die Dauer der Pandemie einen Hund ausleihen. »Das war gar nicht böse gemeint, diese Leute hatten wirklich gute Absichten und wollten den Hunden etwas Gutes tun«, sagt Rost. »Aber stellen Sie sich das einmal vor, was das mit einem Hund macht: Da meint er, endlich ein Zuhause gefunden zu haben, und dann muss er wieder hierher zurück.«

Wir betreten die Auffangstation für Fundtiere. Es ist angenehm warm, und es läuft Musik, um die Tiere zu beruhigen. Soeben ist dort ein Yorkshireterrier eingetroffen. Schwanzwedelnd und winselnd kommt er auf uns zugelaufen und schaut uns aus großen dunklen Augen an. Annette Rost krault durch die Gitterstäbe sein zitterndes Köpfchen. »Süßer kleiner Mausebär, bist du ausgebüxt? Herrchen und Frauchen sind bestimmt gleich da«, tröstet sie ihn. Als wir die Station wieder verlassen, hören wir noch durch die Tür sein verzweifeltes Weinen. Es ist herzzerreißend. Der Kleine, das erfahre ich später, wurde wieder abgeholt. Aber viele andere haben Pech.

»Mit sinkender Inzidenz und den näher rückenden Sommerferien ist hier die Zahl der Fundhunde gewachsen, die nicht mehr abgeholt wurden«, sagt Annette Rost. »Wahrscheinlich waren viele gar nicht entlaufen.« Sie erinnert sich an eine Labrador-Hündin, die ganz offensichtlich ausgesetzt worden war. »Das war so eine tolle und liebe Hündin, die hat eindeutig vorher in einer Familie gelebt, und sie hat so sehr getrauert.« Für solche Hunde bricht eine Welt zusammen. »Das sind tieftraurige Tiere, um die wir uns besonders lange und intensiv kümmern müssen«, sagt Rost. Die Tierheime fürchteten schon zu Beginn des Haustierbooms in der Pandemie, dass es bald zu einer Abgabewelle kommen würde. Sie haben leider recht behalten.

Der dringende Wunsch, sofort einen Hund zu haben, kehrte sich in das Gegenteil um: So schnell wie möglich wollten viele ihre Tiere wieder loswerden. Manche schlicht, »weil sie ihr altes Leben zurückwollten«. Andere waren überfordert, weil sie sich zuvor nicht mit den Rassemerkmalen ihrer Hunde auseinandergesetzt hatten. Es kam zu Beißvorfällen und anderen Problemen. Wie bei der Alleinerziehenden, die sich ausgerechnet einen Husky-Schäferhund-Mix angeschafft und geglaubt hatte, der laufe einfach so nebenher mit. Dabei braucht ein solcher Hund eine hohe körperliche und geistige Auslastung.

Natürlich gibt es Notfälle, in denen Menschen keine andere Möglichkeit haben, als ihr Tier hier abzugeben. Dafür sind Tierheime ja da. Doch die Zahl der Hunde im Heim nimmt zu, die aus schierer Gedankenlosigkeit angeschafft wurden. Zunehmend welche aus dubiosen Quellen. Aber auch Tierschutzhunde, bei denen die Beschreibung im Internet überhaupt nicht der Realität entsprach. »Wir sind das Ende der Kette«, sagt Rost.

»Uns Tierheimen wird ja immer vorgeworfen, wir seien bei der Vergabe der Tiere zu streng«, sagt sie. Aber es lasse sich eben nur durch ausführliche Gespräche mit Besitzerinnen und Besitzern in spe das optimale Zuhause finden, und nur, wenn sie sich ein Bild von der Arbeits- und Lebenssituation machen und genau darauf achten könne, ob Hund und Herrchen oder Frauchen wirklich zusammenpassten. Beim Kauf eines Hundes im Internet findet diese Prüfung natürlich nicht statt. Auf diesem Weg werden auch viele Hunde wieder verkauft, wenn sie lästig werden. VIER PFOTEN hat bei Internet-Recherchen festgestellt, dass in der vierten Corona-Welle zunehmend Rasse-Junghunde inseriert wurden, die aller Wahrscheinlichkeit nach aus dem illegalen Welpenhandel stammten. Offenbar kamen ihre Käuferinnen und Käufer nicht mit den Hunden zurecht, als sie Verhaltensauffälligkeiten zeigten.

Unser Rundgang endet in der Exotenstation. Hier leben Matilde und Bubbu als Hospizhunde bei einem Tierpfleger. Ich bekomme einen Schreck, als ich die beiden armen Kreaturen sehe. Es sind besonders extreme Qualzucht-Opfer. Tily ist eine schwarze Mops-Oma, sie ist zwölf Jahre alt. Eines ihrer Augen ist stumpf, weil sie es nicht schließen kann. Aus ihrem Fang hängt eine viel zu lange Zunge, die vertrocknet ist. Sie stammt von einem dubiosen Vermehrer und wurde bei einem Animal Hoarder beschlagnahmt. Bubbu ist ein Mops-Opa in Beige, er wurde ausgesetzt. Er hat so viele Falten, dass man sein Gesicht gar nicht sehen kann, und seine Schnauze ist extrem flach. Beide röcheln schwer. Als sie um meine Beine streichen und es genießen, von mir gekrault zu werden, bin ich erschüttert darüber, wie wohlgesinnt selbst solche Hunde uns Menschen sind. Dabei tun wir ihnen so viel Übles an. Als wir uns verabschieden, sagt Annette Rost: »Wir glauben ja, wir wären so unglaublich tierfreundlich in Deutschland. Aber das stimmt nicht. Wir sind kein Tierschutzland.«

Wo bleiben Recht und Gesetz?

Seit 2002 ist der Tierschutz als Staatsziel im Grundgesetz verankert. Und es gibt bereits seit Jahren entsprechende Gesetze. Sie mögen unzulänglich sein, aber selbst diese werden viel zu wenig angewendet.

Was muss eigentlich noch geschehen, damit solche offensichtlichen Missstände wie Qualzucht und Verbrechen wie der illegale Welpenhandel unterbunden werden? An Käuferinnen und Käufer zu appellieren, sich solche Hunde nicht anzuschaffen, reicht offensichtlich nicht aus. Auch auf die Behörden ist nicht immer Verlass. Politisches Handeln ist also unabdingbar.

Natürlich wäre es wünschenswert, dass bereits die Anschaffung eines Hundes reguliert wird. Schulungen, ein Hundeführerschein oder ein Sachkundenachweis sollten Voraussetzung für die Anschaffung eines Tieres sein, ebenso muss eine Registrierung von Haustieren EU-weit verpflichtend sein. Qualzuchten müssen ohne Wenn und Aber verboten werden wie in den Niederlanden, wo zumindest die Zucht von extrem kurzköpfigen Hunderassen untersagt ist. Generell müssen Zucht und Handel mit Tieren sehr viel stärker reguliert werden. Verbote für den Handel im Internet wären ebenfalls sinnvoll. Strafen für illegalen Welpenhandel müssen härter werden, Kontrollen stärker. Ein Verbandsklagerecht für Tierschutzorganisationen, wie es das Land Bremen nach einem Antrag der Grünen gerade eingeführt hat, würde jenen Organisationen helfen, mehr Tierschutz bei den Behörden durchzusetzen und diese zum Handeln zu zwingen. Eine länderübergreifende Zusammenarbeit der Behörden wäre notwendig.

Während ich diese Zeilen schreibe, wird der Koalitionsvertrag der neuen rot-grün-gelben Bundesregierung veröffentlicht. Was dort zum Schutz von Heimtieren steht, lässt aufhorchen: Eine Kennzeichnungs- und Registrierungspflicht für Hunde ist geplant. Der Onlinehandel mit Heimtieren soll reguliert werden, indem eine Identitätsüberprüfung verpflichtend wird. Genau das fordern Tierschutzorganisationen schon lange, denn eBay Kleinanzeigen & Co haben freiwillig kaum etwas unternommen. Allenfalls ließen sie sich zu einem Warnhinweis überreden, der aufpoppt, wenn Verkaufsanzeigen für Welpen angeklickt werden. Aber nur, wenn die Welpenmafia nicht mehr anonym im Internet agieren kann, werden wir ihrem kriminellen Geschäft einen Riegel vorschieben. Tierheime sollen laut Koalitionsvertrag durch eine Verbrauchsstiftung finanziell unterstützt werden. Außerdem will die Ampel-Koalition auf Bundesebene das Amt eines Tierschutzbeauftragten einführen und Teile des Tierschutzrechts ins Strafrecht überführen, sodass härtere Sanktionen bei Verstößen möglich sind.[129] Wird all dies umgesetzt und konsequent vollzogen, wäre das wirklich ein großer Schritt.

Aber was ist mit uns Halterinnen und Haltern? Gehen wir denn wirklich immer so mit unseren Hunden um, wie sie es verdienen?

V. DAS MÄRCHEN VOM BÖSEN WOLF

Wie das falsche Bild ihrer Vorfahren unser Verhältnis zu unseren Hunden beeinflusst

Hinter dem hohen Gatter jenseits der Wiese stromern Tala und Chitto auf und ab. Immer wieder heben sie ihre Köpfe in meine Richtung. Doch die beiden Grauwölfe interessieren sich nicht für mich, sondern für das Ding zwischen den beiden Zäunen, hinter denen ich stehe. Dort ist eine eigentümliche Konstruktion aufgebaut: Auf einer Art Tisch ist eine Holzplatte auf Rollen angebracht, daran sind zwei kurze Brettchen befestigt, die in Richtung Gitter zeigen. Auf beiden liegt ein Stück Fleisch. An den hinteren Seiten der beweglichen Platte sind zwei weitere Rollen, um die ein Seil führt. Dessen zwei Enden ragen aus dem Zaun heraus auf den Boden. Es ist die Versuchsanordnung für das »String-Pulling-Experiment«. Dieses soll zeigen, wie gut Wölfe mit Wölfen, Hunde mit Hunden und Wölfe und Hunde jeweils mit Menschen kommunizieren und zusammenarbeiten. Denn nur, wenn an beiden Seilen gleichzeitig gezogen wird, bewegen sich die Bretter aus dem Zaun heraus, und die Tiere gelangen an das begehrte Futter.

Ich bin im Wolfsforschungszentrum im niederösterreichischen Ernstbrunn, in das mich Kurt Kotrschal eingeladen hat.[130] Der Professor für Verhaltensbiologie hat das Forschungszentrum, das an die Veterinärmedizinische Universität in Wien angeschlossen ist, mit seinen Kolleginnen Friederike Range und Zsófia Virányi 2008 gegründet. Hier untersuchen die Forscherinnen und Forscher, welche kognitiven Fähigkeiten Wölfe und Hunde haben, was ihre sozialen Beziehungen untereinander und mit Menschen ausmacht und worin sich Wölfe und Hunde voneinander unterscheiden. Um beide wirklich miteinander vergleichen zu können, reicht es aber nicht aus, Wölfe in freier Wildbahn zu beobachten. In Ernstbrunn werden Hunde und Wölfe deshalb von Hand aufgezogen, mit Menschen sozialisiert und trainiert. Die Aufzucht beginnt, wenn die Welpen zehn Tage alt und ihre Augen noch geschlossen sind. Mit etwa fünf Monaten werden beide in bestehende Gruppen erwachsener Tiere integriert. Diese wissenschaftliche Vorgehensweise in Ernstbrunn ist weltweit einzigartig – nur so kann man Wölfe und Hunde »fair« miteinander vergleichen. Die Erkenntnisse daraus sollen nicht nur helfen, die Tiere und ihr Verhalten besser zu verstehen. Sie sollen auch unsere Beziehung zu ihnen beleuchten, und was uns miteinander verbindet. Wir haben ja eine lange gemeinsame Geschichte: Seit 35 000 Jahren gibt es keine menschliche Kultur ohne Hunde. Trotzdem ist unser Verhältnis zu ihnen von vielen Missverständnissen geprägt. Das liegt vor allem daran, dass lange Zeit ein völlig falsches Bild von Wölfen gezeichnet wurde.

Die Alphatier-Theorie

»Wölfe sind ganz anders, als die meisten von uns sie sich vorstellen«, sagt Kotrschal. Und auch ich bin überrascht von dem, was ich an diesem Tag sehen kann. Der Verhaltensbiologe ist mittlerweile im Ruhestand und deshalb nicht mehr regelmäßig in Ernstbrunn. Nun aber, er war schon eine Weile lang nicht mehr hier, betritt er mit zwei Trainerinnen wieder ein Wolfsgehege. Die Tiere darin hat er selbst mit aufgezogen. »Regel Nummer eins: Wir sind immer freundlich zu unseren Wölfen«, sagt er, als er das Gatter öffnet. Ich beobachte, dass die Wölfe Kotrschal schwanzwedelnd begrüßen wie Toni mich, wenn ich nach Hause komme. Und wie Toni machen sie »Sitz« und »Platz« auf Kommando, freuen sich wie er über ein Leckerli und genießen die Streicheleinheiten. Keine Spur vom bösen Wolf. Zwar gibt es kurz ein etwas lautes, eifersüchtiges Gerangel. »Das klingt bei Wölfen gleich recht dramatisch«, sagt Kotrschal und lacht. Aber die hartnäckigen Vorurteile, dass Wölfe per se aggressiv seien und ihre Rudel von Alphatieren dominiert würden, sind falsch.

Die Alpha-Theorie geht unter anderem auf den Schweizer Verhaltensbiologen Rudolf Schenkel zurück. Dieser veröffentlichte 1947 seine »Ausdrucksstudien an Wölfen«, nachdem er diese jahrelang im Baseler Zoo beobachtet hatte.[131] Darin kam er zu dem Schluss, dass Wolfsrudel von einem dominanten Rüden und einem dominanten Weibchen angeführt würden, die er »Alphatiere« nannte. Was ihm entging: Im Baseler Tierpark war das Rudel damals künstlich zusammengesetzt, die Wölfe stammten nicht aus derselben Familie. Vor allem aber konnten sie innerhalb des Geheges nichts von dem ausleben, was Wölfe in der Natur tun, und hatten auch sonst keine Beschäftigung. Unter solchen Bedingungen konkurrieren die Tiere tatsächlich miteinander und entwickeln steile Hierarchien. In Freiheit aber leben Wölfe in Familienverbänden mit flacheren Hierarchien.

Aggressiv sind Wölfe zwar nach außen, gegen fremde Rudel und deren Mitglieder. »Aber sie gehen im Rudel viel egalitärer und viel, viel weniger gewalttätig miteinander um als angenommen«, erklärt Kotrschal. Was ihre Gemeinschaft auszeichnet, ist nicht Konkurrenz – sondern Kooperation. Sie jagen zusammen und fressen gemeinsam. Klar: »Da wird verhandelt, es wird geknurrt und vielleicht geschnappt. Aber es würde dem rangniedersten Wolf nicht im Traum einfallen, auf seinen Teil zu verzichten.«

Mensch und Wolf passen sozial gut zusammen: Sie haben ähnliche Familienstrukturen, sie ziehen Nachwuchs gemeinsam groß. Sie halten innerhalb des Rudels und nach außen zusammen. Außerdem hatten Wölfe und Menschen ähnliche, in der Gemeinschaft aufeinander abgestimmte Jagdtechniken. »Menschen und Wölfe sind wahrscheinlich unter allen Tieren dieser Welt am stärksten auf Kooperation ausgerichtet«, schreibt Kotrschal in seinem Buch *Hund und Mensch. Das Geheimnis unserer Seelenverwandtschaft.*[132] Aus dieser sozialen Ähnlichkeit heraus entstanden auch die Hunde.

Das Seilzieh-Experiment, auf das ich gespannt gewartet habe, beginnt. Die beiden Holztore im gegenüberliegenden Zaun werden nach oben geschoben, und Chitto und Tala, die beiden Wölfe, traben heran. Gleich kann ich sie aus nächster Nähe beobachten. Der stattliche Chitto kommt als Erster an. Er ist jetzt so nah, dass ich in seine eisblauen Augen sehen kann, die ein schwarzer Wimpernkranz umrahmt. Der Rüde stellt sich ans rechte Seilende, dreht sich um und wartet, bis Tala das linke Ende erreicht. Dann nehmen beide das Seil zwischen die Zähne. Chitto zeigt kurz seinen silbern glänzenden Eckzahn, ein Implantat. Die beiden ziehen synchron, holen sich ihre Belohnung von den Brettchen und galoppieren zum Holztor zurück.

Jetzt sind die beiden Hunde dran, Hiari und Imara. Sie sind Geschwister, auch wenn sie nicht so aussehen: Imara ist hellbraun, mit weißen Flecken an Schnauze und Brust, ihr Bruder

Hiari ist weiß, schwarz und braun gescheckt und hat ein blaues und ein blaubraunes Auge. Imara zerrt allein am Seil, Hiari weicht zurück. Als sich nichts bewegt, kratzt sie am Gatter und schafft es prompt, ihre Schnauze durch den Zaun zu pressen und einen Fetzen Fleisch herauszuzerren. Hiari geht leer aus. Was die beiden Hunde hier abliefern, ist weniger einfallsreich und fair als die gut koordinierte Zusammenarbeit der Wölfe. Haben sie womöglich nicht verstanden, worum es geht?

Das Experiment wird mit zwei anderen Hunden wiederholt: Pepeo und Hakima. Auch Pepeo zieht alleine am Seil, ignoriert Hakima und schaut stattdessen Hilfe suchend zu seiner Trainerin. Die tauscht schließlich mit Hakima den Platz, und siehe da: Mit der Trainerin klappt es. Pepeo und sie ziehen gleichzeitig an der Schnur, am Ende kommt der Rüde so zu seiner Belohnung. Auch mit Wölfen funktioniert das, sie arbeiten ebenfalls auf diese Weise mit Menschen zusammen.

»Hunde haben die kooperativen Eigenschaften direkt von den Wölfen übernommen, aber auf uns Menschen zugeschnitten«, erklärt Kotrschal. Hunde sind also nicht dümmer als Wölfe – sie arbeiten nur besser mit Menschen als mit ihren Artgenossen. Eine zentrale Erkenntnis des Wolfsforschungszentrums, die viel über die Entwicklung vom Wolf zum besten Freund des Menschen erzählt: Hunde besitzen die Fähigkeit der Wölfe, untereinander und mit Menschen zusammenzuarbeiten, sie haben sich mit ihrer Domestikation aber stärker auf Menschen konzentriert. So wurden Hunde »in ihrem Wesen fast zu ›Artgenossen‹ des Menschen«, schreibt Kotrschal, »sie sind nicht irgendwelche an uns angepasste ›Aliens‹, sie ticken sozial und emotional weitgehend so wie wir.«[133] Er bezeichnet Hunde deshalb als »Hybridwesen« zwischen Wolf und Mensch.

Als die Menschen sesshaft wurden, entstanden durch Selektion auf Zahmheit die ersten Hunde. So viel ist heute klar. Aber wie genau haben sich Wölfe und Menschen einander angenähert? Dazu gibt es unterschiedliche Hypothesen in der Wissenschaft und mitunter auch Kontroversen. Viel spricht für die Theorie der Anthropologin Pat Shipman der Universität Pennsylvania, dass Wölfe und Menschen in der Altsteinzeit gemeinsam Mammuts gejagt und sich die Beute geteilt haben.[134] Möglicherweise aber näherten sich die Wölfe auch von selbst den Menschen an, weil sie in ihrer Nähe immer etwas zu fressen fanden. Vermutlich spielten mehrere dieser Faktoren zusammen. Die Forschung in Ernstbrunn allerdings belegt: »Wölfe kooperieren nur mit Individuen im Sozialverband. Einen solchen kann man mit Wölfen nur herstellen, wenn man sie von Hand aufzieht«, so Kotrschal. Wolfswelpen müssen also bereits in der Steinzeit ihren Reiz auf Menschen ausgeübt haben, sodass Frauen möglicherweise verwaiste Wolfswelpen mit ihren eigenen Babys gleichzeitig an der Brust aufzogen. So wurden Wölfe mit Menschen sozialisiert, betrachteten deren Nachwuchs nicht als potenzielle Beute, sondern als Clan-Mitglieder, und Menschen lernten, mit ihnen gezielt und eng zusammenzuarbeiten.

Spiritualität ist wohl mit ein Grund, warum sie sich überhaupt angenähert haben: Jäger und Sammler lebten in animistischen Gesellschaften, sie glaubten an die Beseeltheit der Natur und womöglich daran, selbst von Tieren abzustammen. Vielleicht nahmen sie Wölfe, deren Familienstruktur ihrer eigenen so ähnlich war, als Brüder und Schwestern wahr.[135]

Bis heute haftet den Wölfen ja etwas Magisches an. In Ernstbrunn sind die Tiere im Wildpark untergebracht. Als ich Kurt

Kotrschal an diesem Spätsommertag durch den Park begleite, beobachte ich immer wieder, wie Menschen vor den Gehegen stehen bleiben und die anmutigen Wölfe ehrfürchtig, ja beinahe verzaubert beobachten. »Es gab Leute, die zogen extra deswegen nach Ernstbrunn, weil sie das Heulen der Wölfe hier im Park so schön und so romantisch finden«, sagt Kotrschal und schmunzelt. Vielleicht liegt das ja an der ganz besonderen Eigenschaft von Menschen, mit Tieren zusammenleben und auch Freundschaft mit ihnen schließen zu wollen. Der Hund, unser »Alter Ego«, wie ihn Kotrschal nennt, steht dafür exemplarisch. Und er ist ohne Wolf nicht denkbar.

Wölfe und Hunde, auch das ist ein Ergebnis der Forschung in Ernstbrunn, unterscheiden sich nämlich in ihrem Verhalten gar nicht so sehr voneinander. »Es ist eher ein Mosaik von Unterschieden«, sagt Kotrschal. Zum Beispiel verstehen Wölfe Kausalzusammenhänge besser als Hunde. Wölfe sind hartnäckiger als Hunde und versuchen viel länger, selber eine Lösung für Probleme zu finden, während Hunde schneller aufgeben oder Hilfe bei ihren Menschen suchen. Kooperieren Mensch und Wolf, will Letzterer die Führung übernehmen oder sich zumindest mit dem Menschen abwechseln, bei Hunden ist es andersherum. Aber sowohl Wölfe als auch Hunde können mit uns kommunizieren: Beide können unsere Zeigegesten und Blickrichtungen deuten und sogar Worte und ihre Bedeutung verstehen.

Doch allen wissenschaftlichen Erkenntnissen zum Trotz hält sich die Mär vom dominanten und aggressiven Wolf hartnäckig. Sie bestimmt bis heute den Umgang mit Hunden: Die Vorstellung, in ihnen schlummere ein solcher »böser Wolf«, der nur darauf warte, wieder hervorzubrechen, um sich zum »Rudelführer« aufzuschwingen und uns zu »dominieren«, ist noch immer erstaunlich weit verbreitet. Auch in Ratgebern ist sie präsent.Es gibt immer noch Trainerinnen und Trainer, die nach dieser Ideologie arbeiten. Als wäre die Hund-Mensch-Beziehung ein einziger Machtkampf.

VI. DIE GESCHÄFTCHENFÜHRER

Warum autoritäre Hundeerziehung ein Irrweg ist

Der Mann schaut der Labradorhündin angriffslustig direkt in die Augen. Ihre Versuche zu beschwichtigen ignoriert er. Er hockt sich über den Futternapf, aus dem sie gerade frisst, zeigt groteske Drohgebärden und schlägt sie ins Gesicht. Die Hündin fletscht die Zähne, ihr ganzer Körper ist angespannt, doch der Mann lässt nicht locker. Schließlich beißt sie ihm in die Hand, und der Mann tritt sie dafür in den Bauch. Während er sich theatralisch seine Bisswunde verarzten lässt, drängt er das Tier an eine Wand, vor der es eingeschüchtert verharrt.

Nein, das ist kein PETA-Video, das jemanden der Tierquälerei überführt. Die Aufnahme stammt aus der US-amerikanischen Fernsehshow *The Dogwhisperer*, und der Mann ist Cesar Millan. Unter anderem damit ist der selbst ernannte »Hundeflüsterer« zum Millionär und Weltstar geworden. Wenn er mit seinen Bühnenprogrammen auf Tour geht, füllt er auch in Deutschland regelmäßig die größten Hallen: die Lanxess Arena in Köln, die Mercedes-Benz Arena in Berlin, die Olympiahalle in München und die Frankfurter Festhalle. Cesar Millan, der keine Ausbildung zum Hundetrainer absolviert hat, ist heftig umstritten. Er arbeitet mit Hilfsmitteln, die hierzulande aus Tierschutzgründen verboten sind – etwa mit Würge- und Stachelhalsbändern sowie mit Elektroschocks. Er wendet äußerst fragwürdige Methoden an, zum Beispiel das sogenannte Flooding. Dabei setzt er Hunde, die Angst vor Rasenmähern oder Staubsaugern haben, intensiv diesem Reiz aus. Er nimmt die Hunde an der kurzen Leine und zwingt sie nahe an den laufenden Staubsauger oder Rasenmäher heran. Ob sie dabei panisch werden, ob sie versuchen zu entkommen: egal. Er zwingt sie so lange, bis sie erschöpft sind und aufgeben. Man muss kein Verhaltensprofi sein, um zu verstehen, wie sehr das den Tieren zusetzt. Dafür reicht schon ein Minimum an Einfühlungsvermögen. Ich möchte ja auch nicht, dass mich jemand auf den Boden fesselt und einen Eimer Vogelspinnen über mich schüttet, damit ich meine Phobie überwinde. Die European Society of Veterinary Clinical Ethology (ESVCE) und die American Veterinary Society of Animal Behavior (AVSAB) haben schon vor mehr als zehn Jahren die aversiven Methoden von Millan kritisiert. Bei seiner Deutschlandtour 2014 durfte er in Hannover mit Hunden nicht alleine auf die Bühne, weil er die Sachkundenachweisprüfung nicht bestand, die ihm die Behörden dort auferlegt hatten.[136] Sie ist hierzulande für jeden Hundetrainer Pflicht. Es klingt absurd: Millionen Menschen auf der ganzen Welt, die Hunde mögen und/oder mit ihnen leben, sind Fans von einem Mann, der die Tiere tyrannisiert, um sie gefügig zu machen. Der sie bestraft, ihnen Schmerzen zufügt und sie in Angst und Schrecken versetzt. Dabei beruft sich Millan auf die sogenannte Rudelführertheorie. Er behauptet, dass die Probleme mit Hunden deshalb entstünden, weil der Mensch seine Rolle als »Rudelführer« nicht wahrnehme und der Hund ihn »dominiere«. In seiner Logik soll der Mensch seine Machtposition dem Hund gegenüber ständig demonstrieren, und zwar »in der Sprache des Hundes«. Der Hund darf nicht vor dem Menschen durch die Tür, er darf nicht ohne seine Erlaubnis fressen, schnuppern, ja nicht mal scheißen. Er darf eigentlich überhaupt nichts. Und wenn er sich widersetzt, sollen Bisse imitiert (indem man ihn in die Seite zwickt) oder der Hund auf den Rücken gedreht werden, um »die Rangordnung« wiederherzustellen. Seine Methoden sind hanebüchener Unsinn und Tierquälerei. Die Dominanz-Theorie ist seit Jahrzehnten wissenschaftlich widerlegt. Hunde bilden kein Rudel mit Menschen. Und sie wollen uns auch nicht beherrschen.

Füttern Sie Ihren Hund niemals mit dem, was Sie gerade essen oder gegessen haben!

Lassen Sie Ihren Hund nicht ins Schlafzimmer, wenn Sie ein Haus haben, am besten gar nicht ins obere Stockwerk!

Lassen Sie Ihren Hund nicht auf den Möbeln oder Ihrem Schoß sitzen.

Erklärung: Ranghohe Tiere haben das Recht, sich überall aufzuhalten und sich anderen aufzudrängen. Ihre Lieblingsplätze sind für Rangunterlegene tabu.

Spielen Sie so oft wie möglich mit Spielzeug, aber gewinnen Sie immer und behalten Sie am Ende das Spielzeug.

Gestatten Sie Ihrem Hund nicht, erfolgreich Beachtung zu fordern. Zeigen Sie ihm nur auf Ihre eigene Initiative Zuneigung.

Sorgen Sie dafür, dass Ihr Hund Ihnen in Türdurchgängen immer den Vortritt lässt.

Steigen Sie nicht über Ihren Hund oder um ihn herum, wenn er im Weg liegt. Lassen Sie ihn Platz machen.

Wenn Sie mit Ihrem Hund spazieren gehen, wechseln Sie öfter ohne Vorwarnung die Richtung

Erklärung: Dominante Tiere führen immer.

Dieses Merkblatt stammt von 1993. Ein Tierarzt hat es Isabel Boergen und ihrer Familie in die Hand gedrückt, als sie ihren ersten Welpen bekamen. Die Hundetrainerin und Verhaltensberaterin hat Lehr-, Lern- und Trainingspsychologie studiert und einen Master in Tierverhaltensforschung und Tierschutz; sie leitet in München die Hundeschule »Weltstadt mit Hund«. Dort trainieren wir auch mit Toni, denn sie arbeitet ausschließlich gewaltfrei, ohne Strafen und belohnungsbasiert. Letzteres bedeutet, dass erwünschtes Verhalten bestärkt wird, zum Beispiel durch Leckerli, Spielzeug, Aufmerksamkeit oder gemeinsames Spiel. »Das ist keine esoterische Kuschelpädagogik, sondern orientiert sich an harten wissenschaftlichen Fakten«, sagt sie. Ganz im Gegenteil zu dem, was auf dem alten, mit Schreibmaschine geschriebenen Zettel steht, den sie bis heute aufgehoben hat. »Das ist natürlich alles Nonsens und war es auch schon damals«, sagt Isabel. Dennoch bekommt sie immer wieder Schauergeschichten von ihren Kundinnen und Kunden erzählt, denen solcher Humbug von anderen Trainern oder Trainerinnen eingetrichtert wurde. »Ich höre, dass sogar Tierschutzorganisationen oft haarsträubende Trainingstipps geben«, sagt sie, als wir gemeinsam mit ihrem Mischling Bubu durch den Englischen Garten spazieren. Da werde von manchen Hunderettern empfohlen, die Tiere auf den Rücken zu werfen, sie zu kneifen, ihnen das Ohr umzudrehen oder sie mit der Wasserpistole zu bespritzen, wenn sie unerwünschtes Verhalten zeigen. »Solche Methoden verstoßen gegen das Tierschutzgesetz und sind vollkommen kontraproduktiv. Wer einen Hund hierherholt, um ihn dann derart zu traktieren, lässt ihn besser auf der Straße, da kann er solchen Menschen wenigstens aus dem Weg gehen.« Weil sie jeden Tag zum Hundetraining in den Parks der Stadt unterwegs ist, sieht sie viel Hässliches, das Menschen ihren Hunden antun – in dem falschen Glauben, sie würden sie damit »erziehen«. Zwicken. Schlagen. Anschreien. Treten. Einschüchtern. An der Leine rucken. Schlüssel nach ihnen werfen. »Die Kreativität beim Erfinden von Strafen kennt keine Grenzen«, sagt sie. Als Cesar Millan für eine seiner Bühnenshows in München zu Gast war, bot Isabel gemeinsam mit anderen strikt gewaltfrei arbeitenden Trainerinnen und Trainern an, Eintrittskarten dafür gegen kostenlose Trainingsstunden bei ihnen einzutauschen. Angenommen hat das Angebot niemand. Zu tief sitzt offenbar die Überzeugung, dass Hunde eine »harte Hand« bräuchten.

Die Weisheit auf der Hundewiese

Es ist schwer, diesem gefährlichen Unsinn zu entkommen. Wer einen Hund hat, bekommt eigentlich ständig Erziehungstipps zu hören, ob sie oder er möchte oder nicht. Sei es in der Tierarztpraxis, sei es auf der Hundewiese oder im Tierbedarfsgeschäft. Gerne auch von Leuten, die gar keinen Hund haben. Sowieso in Hundeforen im Internet. Aber auch in Hundeshows im Fernsehen. Überall wird einem eingebläut, dass es das Wichtigste sei, dem Hund von Beginn an und unentwegt klarzumachen, wer »der Chef im Rudel« ist, und dass der Hund in der »Rangordnung« ganz unten zu stehen hat.

Auch deshalb habe ich so lange damit gezögert, mich für ein Leben mit Hund zu entscheiden. Mir ist jede Art von Autorität zuwider. Hierarchien und Machtgehabe sind mir ein Graus. Ich arbeite am liebsten frei, weil ich weder Chefs haben will noch selbst Chefin sein möchte. Es liegt mir absolut fern, jemanden beherrschen zu wollen. Umso mehr verwundert es mich im

Nachhinein, wie auch ich mich am Anfang von solch autoritärem Geschwätz habe verunsichern lassen.

Einen Welpen großzuziehen, ist nämlich nicht ganz so romantisch, wie man sich das möglicherweise vorstellt. Natürlich ist es schön – aber eben oft auch anstrengend. Das sagt einem leider keiner. Niemand erzählt gern vom Welpen-Blues, also der Ernüchterung, die kommt, wenn mensch feststellt, dass das niedliche Fellknäuel ein Gremlin ist, der seine überraschend spitzen Milchzähne in alles versenkt, was ihm unter die Pfoten kommt, sei es die Ferse, die Hand von Frauchen oder Herrchen, der Schuh, der Pulli oder der Sessel. Der morgens um sechs in die Wohnung kackt und pinkelt – und zwar nach dem ausführlichen Gassi. Der praktisch nie schmusen will, sondern lieber rumramentern oder an den Haaren zerren. Der Argwohn gegenüber dem Hund entsteht womöglich auch aus Unsicherheit und Angst, die Kontrolle zu verlieren: Mensch versteht ja erst, wie fremd einem dieses Wesen ist, wenn man mit ihm zusammenlebt. Mit einem Baby, das nicht das eigene ist und nicht mal zur eigenen Spezies gehört.

Wie die meisten Hundehalterinnen und Hundehalter haben auch wir schon recht früh eine Welpenspielgruppe besucht. Aber rückblickend war das für uns drei wenig hilfreich. Es hat uns eher verunsichert. Auch weil Toni damit überhaupt nichts anfangen konnte. Er hat sich meistens in ein Eckchen gelegt, die Sache beobachtet oder geschlafen. An den aufgepeitschten größeren Welpen, die sich mit Karacho ins Bällebad warfen oder für seinen Geschmack zu stürmisch spielten, hatte er kein Interesse. Er hat es immer noch nicht und macht um wild spielende große Hunde lieber einen Bogen. Heute weiß ich, dass das völlig in Ordnung ist. Damals dachte ich, wir hätten einen Problemhund. Das lag vor allem daran, dass es in der Welpenspielgruppe zwei Sorten Mensch gab: diejenigen, die mit Chef-Attitüde so taten, also hätten sie alles im Griff (»Meiner war schon nach zwei Wochen stubenrein« – haha!) und einen mit übergriffigen Ratschlägen oder Analysen behelligten (»eurer ist aber schon sehr ängstlich«). Einer zum Beispiel, der seine Frau noch mehr herumkommandierte als den Hund, legte sich immer wieder mit Trainerinnen und Trainern an, wenn sein Beaglewelpe nicht in die Gruppe der Großen sollte. Einmal klopfte er einem Trainer auf die Schulter und sagte: »Heute hast du mir etwas beigebracht. Eigentlich bringe ich Leuten etwas bei. Ich war nämlich mal Geschäftsführer.« Ihn nannten wir seither »Geschäftchenführer«.

Aber da waren auch diejenigen, die zugaben, dass sie manchmal überfordert sind (zu denen gehörten wir). Uns allen war aber gemeinsam, dass uns in der Fragerunde ausschließlich beschäftigt hat, was der Hund *nicht* soll. Nicht aufs Sofa, nicht ins Bett. Nicht an einem hochspringen. Nicht am Tisch betteln. Nicht bellen, wenn es klingelt. Nicht dies. Nicht jenes. Wir hatten alle hohe Erwartungen an unsere Welpen, die diese, so klein und neu, wie sie in unserer Menschenwelt waren, gar nicht erfüllen konnten. Wir wollten hören, was zu tun sei, damit sie »funktionieren«. Ich erinnere mich an ein völlig verzweifeltes junges Paar mit einem Berner Sennenhund. Deren Schilderung zufolge verwandelte sich der augenscheinlich unglaublich knuffige kleine Kerl zu Hause in ein regelrechtes Monster und hatte angeblich bereits das Inventar des Kleiderschanks seiner Besitzerin mindestens zur Hälfte zerfetzt. »Wir haben schon alles versucht«, sagte die Frau, den Tränen nahe. Ich fühlte mich kurz erleichtert (und dann ob meiner Erleichterung ein bisschen schlecht), denn Toni hat, Stand heute, nur ein Stück aus einem meiner Flip-Flops herausgeknabbert … und ansonsten gar nichts kaputt gemacht. »Wie versucht ihr es denn?«, fragte die Trainerin. »Wir trainieren ohne Leckerli«, sagte die Frau mit wieder fester Stimme. Die Trainerin war kurz sprachlos und gab dann zurück: »Und arbeitest du auch ohne Geld?« Komplett ohne Futterbelohnung zu trainieren, damit der Mensch seinem Hund gegenüber nicht »hörig« oder »unterwürfig« würde: Damit werben tatsächlich einige Trainer (meistens Männer). Es stimmt schon, eine Belohnung muss nicht immer was zu fressen sein, sondern je nach Situation wirkt ein Lob, ein Spiel oder etwas anderes, das der Hund in diesem Moment gern machen möchte, stärker. Und natürlich müssen wir Hundehalterinnen und -halter lernen, wie richtiges Belohnen geht, damit der Hund das gewünschte Verhalten zeigt und verfestigt. Aber die Vorstellung, der Mensch gerate so zum »Leckerli-Automaten« und »Sklaven« seines Hundes, beruht letztlich ebenfalls auf der falschen Annahme von Rangordnung und Dominanz. Wahrscheinlich haben die beiden das irgendwo aufgeschnappt – so wie auch wir so manchen Blödsinn. Zum Beispiel, dass man seinen Hund nicht trösten soll, wenn er Angst hat, weil das die Angst verstärkt (durch Zuwendung kann sich Angst nicht verstärken!). Oder dass er nicht begrüßt werden soll, wenn mensch nach Hause kommt.

Zum Glück sind wir schnell auf Isabel gestoßen. Mit ihr arbeiten wir, seit Toni fünf Monate alt ist. Ich kann mich noch gut erinnern, als wir einmal ein Einzeltraining mit ihr bei uns zu Hause hatten, um mit Toni das Alleinebleiben zu üben. Ich ging aus der Wohnungstür, kam kurz darauf zurück – und Toni flippte aus und sprang ständig an mir hoch. »Will der mich jetzt maßregeln? Bestraft der mich, weil ich weg war?« Ich war unsicher.

Das hatte ich nämlich in einer der vielen Hundeshows gesehen, die wir damals ständig guckten. Da wurde einer Besitzerin gesagt, sie solle den Hund dann ignorieren. Mir gelang das nie. Aber ich hatte immer das Gefühl, ich machte etwas falsch, wenn ich Toni begrüßte, ja, ich würde ihm damit schaden. »Nein, er ist halt aufgeregt und freut sich«, sagte Isabel, als sie uns beobachtete. Ich spürte einen Stich ins Herz. Was habe ich Toni da bloß vermittelt, der meine Unsicherheit vermutlich spürte? Und welche Freude habe ich mir entgehen lassen, weil ich diesen Quatsch geglaubt habe? Es ist doch das Schönste, immer wieder mit einer so unverhohlenen Begeisterung empfangen zu werden! Ich war froh zu hören, dass das so völlig richtig ist. Seither freue ich mich schon, wenn ich das Haus verlasse, auf diesen Moment.

Wie Hunde lernen

»So viele Leute, die zu mir ins Training kommen, sind erleichtert, wenn ich ihnen sage, dass sie intuitiv richtiglagen und dass sie bestimmte Dinge nicht machen müssen«, sagt Isabel. Sie hat auch erlebt, dass Menschen, die zuvor autoritär mit ihren Hunden umgegangen sind, angefangen haben zu weinen, wenn sie ihnen erklärt hat, was sie da gemacht haben. »Das wollten die gar nicht. Sie dachten einfach, sie müssten so mit ihren Hunden umgehen.« Dabei ist es das Wichtigste, den Hund und seine Bedürfnisse zu verstehen und eine vertrauensvolle Bindung zu ihm aufzubauen. Menschen und Hunde bilden kein Rudel, sondern eine Familie, vergleichbar mit der Eltern-Kind-Beziehung. Das ist keine »Vermenschlichung«, sondern wissenschaftlich belegt.

Auch in Ernstbrunn, im Wolf Science Center, wird gewaltfrei und auf der Basis positiver Verstärkung trainiert. Hunde wie Wölfe lernen mit Motivation und Belohnung. Ein aversives Training, das auf Strafe und Angst beruht, ist völlig kontraproduktiv. Auch das ist wissenschaftlich belegt: »Wird es ungemütlich, wird im Gehirn die Amygdala, also der Mandelkern aktiv. Es entsteht ein Gefühl von Unwohlsein und Angst«, beschreibt Kurt Kotrschal. »Es wird auf einfaches Denken und Entscheiden umgeschaltet, Körper und Geist werden auf Flucht, Kampf oder andere Taktiken eingestellt, um eine ungünstige oder gefährliche Situation zu bewältigen.« In einer entspannten und positiven Atmosphäre agieren Hunde völlig anders. »Im Gehirn wird eine der wichtigsten Verwaltungsinstanzen für soziales Glück aktiv, der Nucleus caudatus, das Bindungshormon Oxytocin wird ausgeschüttet. Das hemmt die Stresssysteme, die Belohnungssysteme springen an. Komplexes Denken und Entscheiden werden unterstützt«, so der Biologe.[137]

Bei uns Menschen funktioniert das genauso. Mit Grauen denke ich an meine Schulzeit in einem autoritären Gymnasium zurück. Wir hatten einen Lateinlehrer, der Schüler noch in der Ecke stehen ließ. Der uns das Buch vor der Nase zuknallte, wenn wir kurz unaufmerksam waren, und vor dem Tisch derer, die Schwierigkeiten hatten, einen Satz zu übersetzen, schreiend auf und ab sprang wie Rumpelstilzchen. Unsere sadistische Mathelehrerin, die ohne ihr Lösungsbuch kaum eine Gleichung selbst ausrechnen konnte, ließ gerne die Schlechtesten in Mathe an der Tafel »verhungern« (mich zum Beispiel) und teilte so leidenschaftlich schlechte mündliche Noten aus wie Jecken in Köln Kamelle. Wenn sie Schulaufgaben zurückgab, rief sie die Namen und Noten vor der ganzen Klasse auf – von den

Einsen absteigend zu den Fünfen und Sechsen. Unter die schlechten Noten schrieb sie mit dickem roten Filzstift: »Du hast von Mathe keine Ahnung!« Natürlich nicht, du hast es mir ja auch nicht beigebracht! Hat das nun bewirkt, dass ich gut in Mathe und Latein wurde? Selbstverständlich nicht. Stattdessen versemmelte ich, vor Panik völlig blockiert, jede Mathe- und Lateinschulaufgabe. Das alles führte nur zu Bauchweh, Kopfweh, schlechten Noten und Verweigerung und letztlich dazu, dass ich anfing die Schule zu hassen. Besser wurde es für mich erst, als ich die Schule wechseln konnte. Will ich Toni das zumuten? Möchte ich eine Beziehung zu ihm, die auf Angst beruht? Nein, das möchte ich auf keinen Fall.

Aus finsteren Zeiten

»Balu! Baluhuuuuu! BALU! Komm jetzt sofort her! HEY! HALLO! BAAAAAAAALLLUUU! Sagmalgehtsnochbistdueigentlichbescheuertichredemitdirverdammtnochmal!«

Balu wird am Nacken gepackt, grob angeleint und kriegt erst mal einen schönen Einlauf.

Ein tapsiger neugieriger Welpe, der auf Toni zurennen will, wird angeraunzt: *»Sitz. SITZ verdammt nochmal.«*

Winzige Hunde, die sich festschnüffeln, werden derart rabiat an der Leine weggezerrt, dass sie durch die Luft fliegen.

Toni fängt Streit mit einem Rüden an; ich unterbreche das. Der Mensch: *»Lass die doch, die machen das schon unter sich aus. Der Henry muss das endlich mal begreifen.«*

Oder die Frau mit der völlig verängstigten Tierschutzhündin, die gerade erst in Deutschland angekommen war. Ich empfahl ihr Isabel (ich empfehle sie, wo ich gehe und stehe) als Trainerin.

Sie sagte: »*Ja, die habe ich auch schon entdeckt. Aber mein Mann möchte das nicht. Der sagt, Frauen sind zu sanft.*«

Das sind Szenen, die erlebe ich fast jeden Tag. Oft bei netten Menschen, die ihren Hunden gar nichts Böses wollen. Klar, wie jedes Wesen, das einen eigenen Willen und eigene Bedürfnisse hat, können einen auch Hunde ganz schön nerven. Toni hat beispielsweise die unangenehme Angewohnheit, sich jedes Mal dann zum Kacken hinzuhocken, wenn ich etwas Leckeres zu Essen in der Hand habe. Ich habe dann kaum angefangen, an meinem Eis zu schlecken oder in eine Breze zu beißen, schon muss ich umständlich mit einer Hand ein stinkendes Häufchen aufklauben. Da kann ich mir ein »ist jetzt nicht dein Ernst, oder?« auch nicht verkneifen.

Aber seit wir Toni haben, fällt mir immer wieder auf, wie tief autoritäre Denkmuster sitzen. Ich habe nämlich auch schon solche Aussagen gehört oder gelesen: *Absurd, wie Hunde heute verwöhnt werden. Früher, da war der Hund auf dem Hof draußen, und gut war's.* Ja klar. Früher wurden auch Kinder grün und blau geschlagen, und Babys ließ man schreien, bis sie nicht mehr konnten. Wenn ich beobachte, wie roh manche mit ihren Tieren umgehen, wenn ich das autoritäre Geschwurbel höre, habe ich den Eindruck, dass die autoritäre Erziehung aus finstersten Zeiten, die wir bei Kindern zum Glück längst strikt ablehnen, im Umgang mit Hunden fröhliche Urständ feiert.

Aus finsteren Zeiten stammt dieser Umgang auch: Ende des 19. Jahrhunderts schuf der deutsche Rittmeister Max von Stephanitz, geleitet von einem ideologisch verzerrten Bild vom Wolf, den Deutschen Schäferhund. Zu dieser Zeit geriet der Wolf zum Symbol von Härte, Tapferkeit und autoritärer Führerschaft. Von Stephanitz wollte eine Hunderasse züchten, die diesem Wolf ähnelte und alle Tugenden preußischer Soldaten besaß: Treue, Ausdauer, Gehorsam. Er wollte, so beschreibt es der Historiker Wolfgang Wippemann, »ein deutsches Symbol schaffen«.[138] 1899 gründete von Stephanitz einen »deutschen Verein deutscher Liebhaber eines deutschen Hundes«, den Verein für Deutsche Schäferhunde. Er war Anhänger der menschenverachtenden »Rassenhygiene« und wandte sie auf die Zucht der Hunde an, indem er alles »Krankhafte« aussortierte. 1935 orientierten sich die Nationalsozialisten an seinen Zuchtbestimmungen für den Deutschen Schäferhund und stilisierten diesen wiederum zum nationalen Symbol. »Da der Wolf vorerst nur in der braunen Ideologie durch die heimischen Wälder streift, muss also der ›wolfsähnliche‹ Deutsche Schäferhund als zentrales Propagandatier herhalten«, schreibt Jan Mohnhaupt in seinem Buch *Tiere im Nationalsozialismus*. Er beschreibt darin, wie Schäferhunde nicht nur Adolf Hitlers persönliche Leidenschaft waren, sondern als Wachhunde in Konzentrationslagern gehalten und auf Geheiß Heinrich Himmlers »zu reißenden Bestien« gedrillt wurden – etwa dadurch, dass sie absichtlich zu wenig zu fressen bekamen, um sie aggressiv zu machen.[139]

Die autoritären Erziehungsmethoden beschrieb der deutsche Polizeioffizier Konrad Most bereits 1910 in seinem Buch *Die Abrichtung des Hundes*. Darin vertrat er die Rudelführer-Ideologie in extremer Form: An der Spitze der Hierarchie müsse der Mensch stehen, der seine Rolle durch Ausübung körperlicher Gewalt festigen müsse. Der Hund müsse physisch von der Überlegenheit des Menschen überzeugt werden.[140] Most schrieb mit dem Forstmeister Franz Müller-Darß daraufhin die *Anweisung zum Abrichten und Führen eines Jagdhundes*, die 1934 erschien. Müller-Darß war NSDAP-Mitglied und wurde später hauptamtlicher SS-Standartenführer im Stab von Himmler. Als Beauftragter für das Dienst- und Militärhundewesen und für das Forst- und Jagdwesen setzte er die selbst verfassten Anweisungen um und etablierte sie schließlich auch in der Gesellschaft. Und das soll ein Vorbild für den Umgang mit unseren Hunden sein? Ist es nicht vielmehr höchste Zeit, mit diesen überkommenen, bösartigen und gefährlichen Erziehungsmethoden zu brechen? Sie fügen ja nicht nur jedem einzelnen Hund Leid zu, sondern richten noch viel größeren Schaden an. Schließlich nimmt die Zahl der Hunde zu. Und sie müssen nicht nur miteinander, sondern auch in unserer anstrengenden Menschenwelt klarkommen.

»Ich weiß nicht, wie lange das noch gut geht, denn ich sehe immer mehr verhaltensauffällige Hunde«, sagt Isabel. Da sind die aus dem illegalen Welpenhandel, die, viel zu früh von der Mutter getrennt, nicht sozialisiert und oft krank sind. Da sind traumatisierte Straßen- und Tierschutzhunde, die sich in ihrer neuen Umgebung schwertun. Da sind Jagdhunde wie Magyar Vizsla, Weimaraner und Beagle oder Herdenschutzhunde wie der Kangal, die sich ihre Besitzerinnen und Besitzer angeschafft haben, weil sie sie schön finden, und die nun mit den rassetypischen Eigenschaften ihrer Tiere völlig überfordert sind. Ich mag mir gar nicht ausmalen, was passiert, wenn solche »schwierigen« Hunde dann »mit harter Hand« erzogen werden.

Wir haben beste Erfahrungen gemacht mit der positiven Bestärkung. Und je länger wir trainieren, je mehr ich Tonis Welt verstehen lerne, desto unerträglicher finde ich es, dass einem Wesen, das so harmoniebedürftig und so kooperativ ist wie ein Hund, mit Gewalt und Einschüchterung begegnet wird. Klar ist: Der Hund kann nur das, was man mit ihm richtig trainiert. Das ist Arbeit, und es erfordert Einfühlsamkeit und Geduld. Manches klappt schnell, anderes dauert. Auch wir haben da noch unsere Baustellen. Aber »lebenslanges Lernen«, das gilt für Menschen wie für Hunde. Das Schöne am belohnungsbasierten Training ist: Es macht uns und Toni Spaß. Nachdem wir die Grundausbildung (nun ja, weitgehend) abgeschlossen haben, besuchen wir regelmäßig das Freestyle-Training. Wir machen dort Schnüffelspiele, Fährtensuchen, üben Tricks und verfestigen immer wieder das bisher Gelernte. Und wir machen mit unserer Gruppe Trainingsspaziergänge, um das Verhalten unserer und fremder Hunde beobachten und sie so besser einschätzen und führen zu können.[141]

»Ach, ihr geht immer noch in die Hundeschule?«, werden wir manchmal ungläubig gefragt. Viele, die überhaupt eine Hundeschule besuchen, machen das erst, wenn es Probleme gibt. Oder sie besuchen nur den Welpen- und Junghundekurs und hören danach auf. »Aber dann wird es doch erst richtig interessant«, sagt Isabel. Sie vergleicht das mit Menschenkindern im Gymnasium: »Wenn sie in der Pubertät sind, wenn in ihrem Körper und ihrem Kopf so viel passiert, sollen die sich darauf konzentrieren, viele komplizierte Dinge zu lernen«, sagt sie, »aber eigentlich ist erst an der Uni die Bereitschaft da, freiwillig zu lernen und Interessen zu entwickeln.« Hundebesitzer würden versuchen, in der Welpen- und Junghundezeit möglichst viel in das Tier hineinzupressen. Aber in diesen zwei komplexen Lebensphasen sei der Hund noch gar nicht fähig, so viel aufzunehmen. Sein Potenzial zu lernen entfaltet sich erst danach.

Diese Erfahrung haben auch wir gemacht. Manches von dem, was uns nicht gelungen ist, Toni als Welpe oder Junghund beizubringen, klappt heute sehr viel müheloser. Außerdem haben wir so erst gelernt, woran Toni richtig Freude hat. Tricks liebt er am meisten. Es ist toll, ihm beim Lernen zuzuschauen. Wie motiviert er dabei ist. Wie er versucht, Lösungen für Probleme zu finden. Wie er mit uns kommuniziert. Wie man dem Groschen beim Fallen zusehen kann. Wie er sich dann darüber freut und begeistert mit dem Schwanz wedelt, wenn wir ihn mit Lob überschütten. Wenn ich spüre, dass er spürt, dass wir stolz auf ihn sind, dann fühle ich mich ihm ganz besonders nahe. Ob Menschen, die ihre Hunde autoritär behandeln, dieses Glück auch erleben?

Spirale der Gewalt

»Aversiv trainierte Hunde sind gehemmt und weniger kreativ. Es ist schwieriger, ihnen etwas beizubringen, denn sie haben ja gelernt: Alles, was von mir kommt, ist scheiße«, sagt Isabel, »und das ist total traurig, weil die Hunde so komplett hinter ihrem Potenzial zurückbleiben und oft einfach nur starkes Meideverhalten zeigen. Die gehen vielleicht schön bei Fuß, aber eigentlich nur, weil sie Angst haben, dass gleich wieder der Schlüsselbund fliegt oder sie an der Leine gezerrt werden.« Befürworterinnen des aversiven Trainings beharren darauf, dass dieses funktioniert, wenn die Regeln des strafbasierten Trainings eingehalten würden: Die Strafe muss jedes Mal erfolgen, wenn der Hund das unerwünschte Verhalten zeigt. Sie muss prompt erfolgen, weil der Hund die Strafe sonst nicht mit dem Verhalten verbindet. Sie muss sehr stark sein, damit sich der Hund wirklich nicht mehr traut, das Verhalten an den Tag zu legen.[142] So weit die Theorie.

In der Praxis, sagt Isabel, erweise sich das als Illusion: »Viele unerwünschte Verhaltensweisen, etwa Jagen, sind genetisch festgelegt und extrem selbstbelohnend. Die Motivation zu jagen ist sehr, sehr stark. Entsprechend stark müsste ein Strafreiz sein, und selbst dann ist der Erfolg zweifelhaft. Man müsste also bereit sein, die Intensität der Strafe immer weiter zu erhöhen, wenn ein Hund sich von einem Verhalten nicht abbringen lässt.« Eine Spirale der Gewalt würde so in Gang gesetzt, die am Ende dazu führen kann, dass dem Hund irgendwann der Kragen platzt und er Aggressionen gegen seine eigenen oder fremde Menschen entwickelt. Dann kommt es zu den berüchtigten »Beißvorfällen« (die kommen nie aus dem Nichts), und der »Problemhund« soll so schnell wie möglich weg.

Selbst »harmlos« wirkende aversive Hilfsmittel wie Sprüh- oder Ultraschallhalsbänder, die mit Fernbedienung funktionieren, sind gefährlich, auch wenn sie den Hunden keine (starken) Schmerzen zufügen. Soll es der Hund zum Beispiel unterlassen, auf fremde Menschen zuzurennen oder andere Hunde anzubellen, und der Mensch drückt in einem solchen Moment den Knopf – dann erschrickt der Hund und bricht sein Verhalten ab. Aber er lernt dabei nichts. Im Gegenteil, er wird womöglich den Schmerz- oder Schreckmoment mit entgegenkommenden Hunden oder Menschen verbinden. So kann dem Hund Aggression gegen andere Hunde und Menschen regelrecht antrainiert werden, und es erfordert dann viel zusätzliche Arbeit, ihm das wieder abzugewöhnen. Ich habe den Eindruck, dass solch zweifelhafte »Hilfsmittel« vor allem von Halterinnen und Haltern eingesetzt werden, die eine einfache und schnelle Lösung für lästige Probleme suchen, aber nicht ausreichend Zeit und Mühe in ihren Hund investieren können oder wollen. Ich erinnere mich an ein Gespräch, das ich einmal in einem Gasthaus aufgeschnappt habe: Der Wirt empfahl einem Paar, das vergeblich einen kleinen kläffenden Hund zum Schweigen bringen wollte, ein solches Reizhalsband. Bei seinem Yorkshireterrier (!) funktioniere das bestens, »da hat einfach nichts anderes mehr geholfen«. Ich bezweifle, dass der Mann überhaupt etwas anderes je ausprobiert hat – zum Beispiel mit dem Hund zu trainieren, was er *stattdessen* machen soll, und ihn für das erwünschte Verhalten zu belohnen. Oder versuchen herauszufinden, *warum* sein Yorkshireterrier so viel bellt. Vielleicht hat er ja – wie sehr viele kleine Hunde – einfach Angst.

Auch so eine Methode, die gerade schrecklich en vogue ist, ist das »Blocken«. Dabei soll sich der Mensch dicht und drohend vor den Hund stellen, um ihn von etwas abzubringen. Angeblich, weil Hunde »Körpersprache« besser verstünden als Worte und Gesten. »Hunde würden das aber gar nicht von sich aus machen«, sagt Isabel, »und wenn, dann wäre es absolut rüpelhaftes Verhalten, das ich ihnen abtrainieren wollte.« Wegen allem Möglichen werden Hunde geblockt: Wenn sie nicht ordentlich an der Leine gehen, im Auto bellen oder auf etwas oder jemanden zurennen wollen. »Ich habe im Park schon gesehen, wie Chihuahuas und Malteser geblockt werden«, sagt Isabel, »da stehen die Leute auf der Leine und bauen sich vor ihren winzigen Hunden auf, die dann natürlich Angst bekommen.« Blocken oder »Raum einnehmen« sind letztlich nur beschönigende Begriffe, die verschleiern, um was es eigentlich geht: Einschüchterung und Machtdemonstration.

Natürlich muss auch Toni uns so weit folgen, wie es seiner und der Sicherheit anderer dient. Und ich lege Wert auf gutes Benehmen, damit ein angenehmes Zusammenleben möglich ist, gerade in einer Großstadt wie München, wo besonders viele Hunde unterwegs sind. München ist, was Hunde angeht, ziemlich liberal: Bis auf wenige Ausnahmen dürfen sie auf fast allen Grünflächen frei laufen. Ich finde das großartig und möchte mit Toni dazu beitragen, dass das auch so bleibt. Und ich wünsche mir, dass das irgendwann überall möglich sein wird. Eine Bedingung dafür ist sicherlich, dass wir die Hundehaufen aufheben. Eine Selbstverständlichkeit, sollte man meinen, ist es aber leider nicht, wie ich immer wieder merke, wenn ich in einen Kothaufen trete.

Vielleicht steckt hinter der Unsitte auch ein Missverständnis. Denn mit dem gewachsenen Bewusstsein für die Folgen unseres Plastikkonsums gerieten auch die Kotbeutel ins Visier. 500 Millionen werden davon jährlich allein Deutschland verbraucht. Ich habe schon das Argument gehört, es sei umweltfreundlicher, Kothaufen zumindest im Grünen liegen zu lassen als Kotbeutel zu benutzen. Ein großer Irrtum.

Eine Studie der TU Berlin zum ökologischen Pfotenabdruck der Vierbeiner belegt, dass liegengebliebener Hundekot wesentlich umweltschädlicher ist als die Herstellung und Entsorgung von Plastikbeuteln. Denn er enthält Phosphor, Stickstoff und Schwermetalle, die Böden und Wasser vergiften und aus dem ökologischen Gleichgewicht bringen. Auch werden über Hundekot Krankheiten übertragen, Kälber und Kühe könnten, wenn sie ihn beim Grasfressen mit hinunterwürgten, sogar daran sterben. [143]

Wir lassen Toni so viel Freiheit wie möglich; er soll sein Hundeding machen können. Zum Beispiel ausführlich schnüffeln und markieren in der Morgenrunde. Klar, das hält auf, es ist manchmal richtig eklig, wenn er dabei seinen Bart in eine Pfütze frischen Urin drückt – aber für ihn ist das wie für uns E-Mails und Zeitung lesen. Ich zerre ihn dann nicht weg. Er schlägt mir am Frühstückstisch ja auch nicht Kaffeetasse und Zeitung aus der Hand. Toni darf, außer an befahrenen Straßen, ohne Leine gehen, er darf mit anderen Hunden spielen, er darf, sobald die Temperaturen das zulassen, in die Isar springen und durch den Schlamm toben, auch wenn er sich von oben bis unten einsaut. Ein panierter Hund ist ein glücklicher Hund. Ich kann ihn ja anschließend waschen. Vielleicht war auch das ein Grund, weshalb seine Pubertät ziemlich geräuschlos an uns vorbeizog. Jedenfalls hoffen wir, dass es nicht allzu viel gab, wogegen er sich hätte auflehnen mögen.

Doch als Junghund begann er, der stark zur Eifersucht neigt, Hunde von mir wegzuscheuchen oder zu verbellen und andere Rüden und gerne auch Junghunde anzupöbeln oder zu rüffeln. Ich fand dieses mackerhafte Gebaren furchtbar und wollte mir auch keinen Ärger mit anderen Hundebesitzern einhandeln. Also fragte ich Isabel um Rat. Sie empfahl mir, ihn – ganz kontraintuitiv – nicht zu schimpfen oder wegzuzerren, wenn er zu stänkern anfinge. Sondern ihn stattdessen zu loben, solange er noch ruhig ist oder nur knurrt, und ihn für das Weitergehen zu belohnen. Das schafft eine positive Stimmung und verhindert, dass die Lage eskaliert. Bei jeder Hundebegegnung lobe ich Toni also über den grünen Klee, wenn er ruhig bleibt, oder führe ihn weg, wenn ich das Gefühl habe, es könnte bald kippen. Das sorgt beim Gassigehen oft für Irritationen bei Hundemenschen, die mir dann erklären wollen, ich würde sein schlechtes Verhalten verstärken. Das Gegenteil ist der Fall, es klappt fast immer sehr gut. Das soll nun kein pauschaler Erziehungstipp sein – ich bin keine Hundetrainerin. Aber immerhin kann diese Methode sich auf eine wissenschaftliche Grundlage berufen: Unsere Stimmung wirkt auf Hunde ansteckend. Verantwortlich dafür sind Spiegelneuronen, ein Resonanzsystem im Gehirn von Hund und Mensch. Diese Nervenzellen reagieren bereits, wenn wir Handlungen oder Emotionen nur beobachten. Das kann wiederum zu Missverständnissen zwischen Hund und Mensch führen. Besonders in heiklen Situationen: wenn es an der Tür klingelt, bei Begegnungen mit Fahrrädern und Joggern. Oder in unserem Fall mit anderen Hunden. Auch ich habe wahrscheinlich gar nicht gemerkt, wie ich in solchen Momenten die Luft angehalten habe, steif wurde, die Leine kürzer nahm und ein angespanntes »Untersteh dich!« herausgepresst oder zu schimpfen anfangen habe, damit Toni nicht ausflippt. Aber Hunde spüren unseren Stress, sie merken sogar, wenn sich unsere Nackenhaare aufstellen. »Beim Hund kommt dann an: Oh, oh, aufpassen! Das stresst ihn noch mehr«, sagt Isabel. Seit ich das weiß, achte ich in solchen Situationen darauf, gelassen zu bleiben und die anderen Hunde schon von ferne freundlich zu begrüßen. Das schreibt sich jetzt, wo ich Übung darin habe, recht leicht hin. Aber ich habe ganz schön an mir selbst arbeiten müssen und mache das immer noch jeden Tag. Schließlich will ich, dass Toni mir vertraut. Vertrauen ist die Basis für alles.

Natürlich stehen Hundehalterinnen und Hundehalter gerade in Städten auch unter sozialem Druck und geben den an ihre Tiere weiter. Die müssen allerdings erst einmal lernen, sich in der Menschenwelt zurechtzufinden. Sie müssen erst üben,

U-Bahn, Bus oder Auto zu fahren, an der Leine zu gehen, mit Fahrrädern, Skateboards, Joggern und anderen Hunden umzugehen. Ihnen dabei zu helfen, sie dabei zu unterstützen, sie fair zu führen und ihre Bedürfnisse zu berücksichtigen, das ist unser Job. Wir sind es ihnen schuldig, diesen Job gut zu machen. Wir haben sie schließlich in unsere Welt geholt. Sie haben sich das, wie so vieles, nicht ausgesucht.

Vielleicht hilft es ja für den Anfang schon mal, die Perspektive zu wechseln. Den Hund also nicht mehr als defizitäres Wesen wahrzunehmen, der dies und jenes nicht kann. Sondern ihm Anerkennung dafür zu schenken, was er alles bewältigt, was alles in ihm steckt und wie er unser Leben bereichert.

SCHLUSSWORT

Citizen Canis oder wie wir mit unseren Hunden eine Welt gewinnen können

Jeden Morgen, wenn ich mit Toni die erste Tagesrunde gehe, treffen wir seine Bekanntschaften mit ihren Frauchen und Herrchen. Während sich die Vierbeiner beschnuppern oder miteinander spielen, ratschen die Zweibeiner. Von vielen kenne ich gar nicht die Namen, allenfalls die ihrer Hunde (und habe mir sagen lassen, so gehe es vielen Eltern mit den Erziehungsberechtigten von den Kameraden und Freundinnen ihrer Kinder auch). Die meisten freuen sich über diese kleinen, unverbindlichen Treffen. Manche sorgen sich sogar umeinander, wenn jemand länger nicht gesehen wird.

»Ja, da kommt ja der Toni! Hallo, Toni!!«, höre ich es manchmal schon von Weitem rufen. Sogar etliche Menschen, die selbst gar keine Hunde haben, freuen sich, uns zu sehen, oder sprechen uns an. In den nun fast drei Jahren, die Toni bei uns ist, ist mir der Ort, an dem ich wohne, deshalb noch mehr ein Zuhause geworden. Ich habe unser Haus, unsere Straße, unser Viertel, ja, unsere Stadt noch einmal ganz neu und anders kennen (und lieben) gelernt, seit ich mit Hund unterwegs bin (fahrenden und stehenden Autos zum Trotz). Während des Lockdowns der ersten Corona-Welle, als auch für uns solche Begegnungen unser einziger Sozialkontakt waren, sicherten wir und die Hundebesitzerinnen und -besitzer der Nachbarschaft einander zu, dass wir uns unterstützen und uns um die Hunde jeweils kümmern würden, falls es einen oder eine von uns erwischt. Es ist nie passiert, aber allein die gegenseitige Versicherung formte schon ein ganz neues Band der Solidarität. Ich bin keine Freundin des »kleinen Glücks« der Bürgerlichkeit, aber gerade in diesem Moment, als Gegengewicht zu einer globalen Seuche in einer globalisierten Welt, war es eine ganz neue Form der Geborgenheit und des Zusammenhalts, mit der Toni unser Leben bereicherte. Selbst mit wildfremden Menschen im Park, an der Isar, in Bus und Bahn oder in der Stadt ergaben und ergeben sich Gespräche. So oft sind da nette Worte, Lächeln und Sympathie. Als fände die Liebe zu unseren Hunden den Weg über die Leine in die Welt und zu uns zurück.

Hunde können Herzensöffner sein. Auch das erlebe ich fast jeden Tag. Ich wünsche mir so sehr, dass wir die Liebe, die wir unseren Hunden entgegenbringen, auf die Welt übertragen. Wenn uns das gelingen würde, könnten wir unser Verhältnis zu allen Tieren, zu uns selbst und zur Natur ändern. Hunde könnten für viele Menschen, die mit ihnen leben, der Schlüssel zu einer besseren, empathischen und gerechteren Welt sein. Sie wecken einen Sinn für Natur in uns, weil sie uns am nächsten stehen von allen Lebewesen, mit denen wir diesen Planeten, ja, das »Netz des Lebens« teilen. Sie können unser Mitgefühl und unsere Fürsorge für alle Tiere und uns gegenseitig verstärken. Jedenfalls dann, wenn wir das zulassen und uns ihnen und ihrer Andersartigkeit öffnen. Und wenn wir ihnen das schöne Leben schenken, das alle verdient haben, indem wir aufhören, sie uns körperlich und seelisch zurechtzustutzen, und wenn wir ihr Vertrauen zu uns nicht verraten. Dass eine solche tiefe Zuneigung über Artgrenzen hinaus möglich ist, macht die Beziehung zwischen Hunden und Menschen ja so besonders: »Auf signifikante Weise andersartig, in spezifischer Differenz, stehen wir leibhaftig für eine haarige Infektion in unserer Entwicklungsgeschichte namens Liebe. Diese Liebe ist eine historische Anomalie und ein naturkulturelles Erbe«, so beschreibt die US-amerikanische Philosophin und Zoologin Donna Haraway die Hund-Mensch-Beziehung in ihrem *Manifest für Gefährten*.[144] Ich bin mir sicher, und ich hoffe so sehr, dass diese nicht beim Hund endet, also keine »historische Anomalie« bleiben muss.

Der kanadische Politikwissenschaftler Will Kymlicka und die kanadische Philosophin und Schriftstellerin Sue Donaldson haben eine Gesellschaft entworfen, die domestizierte Tiere – etwa Hunde – wie Staatsbürgerinnen und -bürger behandelt. Weil wir sie in unsere menschliche Gesellschaft gezwungen haben, sind sie von unserer Fürsorge abhängig und können kein selbstbestimmtes Leben führen. Sie teilen eine Gemeinschaft mit uns, bilden darin aber nur eine untergeordnete Klasse, deren Interessen politisch ignoriert werden. Hätten sie dieselben Rechte auf Schutz, Versorgung und Teilhabe, könnte »die Ausübung von Macht, die das Regieren einer gemeinsamen Mensch-Tier-Gesellschaft mit sich bringt, legitim sein und nicht tyrannisch, weil sich diese Gesellschaft um das Wohlergehen all ihrer Mitglieder kümmert«, schreiben sie in ihrem Buch *Zoopolis. Eine politische Theorie der Tierrechte*.[145] Was das Mitspracherecht von Wesen angeht, die nicht sprechen können – wie es ja auch Babys und Kleinkinder nicht können –, so wären Vormund- oder Treuhandschaften möglich oder ein »vertrauensbasiertes, abhängiges Handeln« – genau das also, was das Mensch-Hund-Verhältnis prägen sollte. Es ist natürlich leicht, das verrückt zu finden.

Aber es sollte uns vielleicht zu denken geben, dass diese Gleichstellung ausgerechnet dort bereits stattfindet, wo die Hierarchien am stärksten sind und Hunde zu nicht immer friedlichen Zwecken eingesetzt werden: In den USA etwa ist es üblich, dass Hunde (die dort stets in der Abteilung K-9, ausgesprochen also »Canine«, sprich: »hündisch«) formal immer einen militärischen Rang über dem Menschen stehen, an dessen Seite sie arbeiten. Das soll sicherstellen, dass dem tierischen Mitarbeiter stets der Respekt entgegengebracht wird, der ihm gebührt. Vermutlich hat man festgestellt, dass diese Form der Integration die besten Ergebnisse in der Zusammenarbeit hervorbringt. Ich finde es keineswegs in Ordnung, Hunde für kriegerische Auseinandersetzungen zu benutzen. Aber das Beispiel zeigt, dass die Idee der Kooperation auf Augenhöhe mit ihnen keineswegs eine von weltfremden Spinnern ist.

Kymlicka beschäftigt sich in seiner Arbeit mit dem multikulturellen Zusammenleben in einer globalisierten Welt, Donaldson mit der Rolle von Tieren in Philosophie, Ethik, Politik und Recht. Ihr Gedankenexperiment einer Zoopolis betrifft nicht alleine die Tiere, sondern beruht auf einer universellen Idee von Gleichheit und Gerechtigkeit.

In einer solchen solidarischen Welt, die die Tiere miteinbezieht, würde ich nur allzu gerne leben. Ich stelle sie mir unglaublich inspirierend und friedlich vor. Mit diesem Traum bin ich nicht alleine: Die französische Philosophin Corine Pelluchon schreibt in ihrem *Manifest für die Tiere,* dass »jedes Werk des Denkens oder der Fantasie und jede Tat, die den Übergang zu einem anderen Gesellschaftsmodell erleichtert, ein Sieg gegen das Übel sein werden, das sich in unsere Herzen eingeschlichen hat und dessen Opfer, zugleich jedoch auch Werkzeug unsere Zivilisation heute ist: gegen die Herrschaft, gegen die Ausbeutung des Menschen durch den Menschen, gegen die Ausbeutung der Lebewesen und der Natur durch den Menschen und mancher Nationen durch andere Nationen«.[146]

Trotzdem erlebe ich oft, dass Tierschützerinnen und Tierrechtlern Argwohn entgegengebracht wird. »Die mögen keine Menschen«, so lautet ein oft vorgetragenes Vorurteil. Mensch macht sich verdächtig, wenn er sich um Tiere sorgt. Ich kenne das, seit ich vor dreißig Jahren aufgehört habe, Tiere zu essen. »Hitler war ja auch Vegetarier« – ich weiß gar nicht, wie oft ich diesen dummen Spruch gehört habe (und er stimmt nicht mal, Hitler war gar kein Vegetarier[147]). Als wäre es ein Ausweis von Unmenschlichkeit, Tiere nicht umbringen zu wollen. Als würde man Menschen herabsetzen, wenn man empathisch mit Tieren ist. Dabei ist es genau andersherum: Immer war es in der Geschichte so, dass der Diskriminierung und Unterdrückung von Menschen die Herabwürdigung von Tieren vorausging. Menschen mit Tieren gleichzusetzen, ist eine Strategie zur Entmenschlichung. Die aber voraussetzt, dass man Tiere als etwas weit unter dem Menschen Stehendes betrachtet. »Die stets wieder begegnende Aussage, Wilde, Schwarze, Japaner glichen Tieren, etwa Affen, enthält bereits den Schlüssel zum Pogrom. Über dessen Möglichkeit wird entschieden in dem Augenblick, in dem das Auge eines tödlich verwundeten Tiers den Menschen trifft. Der Trotz, mit dem dieser den Blick von sich schiebt – ›es ist ja bloß ein Tier‹ –, wiederholt sich in den Grausamkeiten an Menschen, in denen die Täter das ›nur ein Tier‹ immer wieder sich bestätigen müssen, weil sie es schon am Tier nie ganz glauben konnten«, schreibt Theodor W. Adorno in seiner Essaysammlung *Minima Moralia*.[148]

Wie könnte es aber jemanden benachteiligen, wenn wir unsere Empathie auf die Schwächsten ausweiten? Wie könnten universelle Achtung und Respekt jemandem Schaden zufügen? Wie könnte es ungerecht sein, Tiere in die Vorstellung eines guten Lebens einzubeziehen? Wer würde bei all dem verlieren, mal abgesehen von der gewalttätigen Tierindustrie, die jeden Tag millionenfaches Leid produziert und, davon ganz abgesehen, unser aller Lebensgrundlagen zerstört? Die Sache der Tiere muss unbedingt politisch werden. Damit meine ich nicht nur, dass sich Gesetze ändern und Politikerinnen und Politiker sich um den Schutz von Tieren kümmern müssen. Das ist wichtig und überfällig; aber es reicht nicht aus. Das verstörende Ausmaß an Gewalttätigkeit gegen Hunde und Tiere ganz allgemein, das ich während meiner Recherchen gesehen oder darüber gehört und gelesen habe, ist nie allein das böse Tun einzelner schlechter Menschen. Es entspringt einer Verachtung von Tieren, die strukturell, aber auch kulturell tief in unserer menschlichen Gesellschaft verankert ist. Das zu ändern liegt in unser aller Verantwortung. Wir dürfen die Tierschützerinnen und Tierschützer, die früher oder später womöglich an all dem Elend, dem sie sich aussetzen, seelisch zugrunde gehen, nicht alleine lassen mit diesem Kampf. Wir sind es nicht nur ihnen und den Tieren schuldig, sondern auch uns selbst. Denn eine friedliche und gerechte Gesellschaft ist mit einem Krieg gegenüber fühlenden Lebewesen nicht möglich. Marc Bekoff, der US-amerikanische Verhaltensforscher und Biologe, ist überzeugt davon, dass wir mit einer liebevollen Beziehung zu Hunden diese, wie er es nennt, »Empathiekluft« schließen könnten – zu allen Tieren und allen Menschen.[149]

Während ich an diesem Buch gearbeitet habe, hatte ich ein sehr schönes Erlebnis, das mich glauben lässt, dass genau das möglich ist. Ich war als Referentin zu einer Tagung zu Menschenrechten eingeladen. Mein Mann und ich waren an diesem Wochenende beide beruflich unterwegs, hatten aber niemanden gefunden, der auf Toni hätte aufpassen können. Also nahm ich ihn mit. Als ich schließlich auf dem Podium saß und diskutierte, stand Toni unten in der ersten Reihe drei Meter von mir entfernt und winselte. Erst leise, dann immer lauter. Ich wurde nervös, weil ich befürchtete, dass er die ganze Veranstaltung stören könnte und die Leute sauer würden. Mir brach der Schweiß aus, weil ich nichts tun konnte, ihm zu helfen. Aber ich sah, dass die Zuhörerinnen und Teilnehmer versuchten, ihn zu trösten. Schließlich hob ihn jemand auf die Bühne, Toni rollte sich um meine Füße und schlief ein. Ich sah ein Lächeln durchs Publikum und meine Mitdiskutierenden gehen. Die Empathie war im ganzen Saal zu spüren. Alles, worüber wir an diesem Wochenende redeten, über globale Solidarität und Gerechtigkeit, über den Traum von einer besseren Welt, manifestierte sich hier in einer Geste, war mit einem Mal, so kam es mir vor, von einer ganz anderen Wahrhaftigkeit und Zuversicht gedeckt. Wegen eines kleinen, wunderbaren Hundes, der mit seiner unmittelbaren Lebendigkeit alles zum Strahlen brachte. Unserem Toni.

Danke!

Thomas Busch, Melanie Stehle, Nina Schöllhorn, Gabriel Toma und dem ganzen Tierärztepool sowie Matthias Schmidt und der Tierhilfe Hoffnung für eine unvergessliche Reise, eine tolle Zeit in Griechenland und Rumänien und ihre großartige Arbeit.

Achim Gruber, Julia Fritz, Kurt Kotrschal, Corinna Madjitov, Steffen Mehl, Diana Plange, Marietheres Reinke, Annette Rost, Ralph Rückert, Friederike Schmitz, Birgitt Thiesmann, Kirsten Tönnies und Klaus Wagner für die anregenden Gespräche, ihre Antworten auf meine vielen Fragen, die Unterstützung meiner Recherchen und für alles, was sie für die Tiere tun.

Karin Lemke für unseren Traumhund und Isabel Boergen für das tollste Training.

Meinem Lektor Edgar Bracht und dem Blessing Verlag für die wie immer schöne Zusammenarbeit und die Möglichkeit, dieses Buch zu schreiben.

Julia, Tilo und Walter, ohne die wir gar keinen Hund hätten. Dem besten Ehemann der Welt für seine Fotos von Toni und für unzählige Gassirunden, während ich geschrieben habe.

Und natürlich Toni: für die Fröhlichkeit und seine Geduld.

Anmerkungen

VORWORT

1 Kurt Kotrschal, *Hund und Mensch. Das Geheimnis unserer Seelenverwandtschaft*, München 2020, S. 63

2 Andrew J. Plumptre et. al., *Where Might We Find Ecologically Intact Communities?*, Cambridge/UK 2021; https://www.frontiersin.org/articles/10.3389/ffgc.2021.626635/full

3 Living Planet Report 2020, WWF; https://www.wwf.de/living-planet-report

4 Jason Moore, Raj Patel, *Entwertung. Eine Geschichte der Welt in sieben billigen Dingen*, Berlin 2018, S. 11 ff

5 Kotrschal, *Hund und Mensch,* 2020, S. 225

6 Thilo Hagendorff, *Was sich am Fleisch entscheidet. Über die politische Bedeutung von Tieren*, Marburg 2021, Umschlag innen

7 Conselho Indigenista Missionário (Cimi), *Violence against the Indigenous Peoples in Brazil – Data for 2015*; http://www.cimi.org.br/pub/relatorio2015/Report-Violence-against-the-Indigenous-Peoples-in-Brazil_2015_Cimi.pdf

8 http://www.thegreenlie.at/; Kathrin Hartmann, D*ie grüne Lüge. Weltrettung als profitables Geschäftsmodell*, München 2018, S. 157 ff

9 Kathrin Hartmann, *Aus kontrolliertem Raubbau. Wie Politik und Wirtschaft das Klima anheizen, Natur vernichten und Armut produzieren*, München 2015, S. 27ff

10 Greogory S. Okin, *Environmental impacts of food consumption by dogs and cats*, Los Angeles 2017 https://journals.plos.org/plosone/article?id=10.1371/journal.pone.0181301

11 Kim Maya Yavor, Annekathrin Lehmann, Matthias Finkbeiner, *Environmental Impacts of a Pet Dog: An LCA Case* Study, Berlin 2020; https://www.mdpi.com/2071-1050/12/8/339

12 Frei nach: https://www.theguardian.com/world/2020/sep/27/the-wurst-is-over-why-germany-land-of-schnitzels-now-loves-to-go-vegetarian

13 https://www.sr.de/sr/home/ratgeber/vegane_ernaehrung_bei_hunden_und_katzen100.html

14 Erik Axelson et. al., *The genomic signature of dog domestication reveals adaptation to a starch-rich diet*, Uppsala 2013; https://pubmed.ncbi.nlm.nih.gov/23354050/

15 https://happydog.de/magazin/hundewissen/wie-viel-wolf-steckt-im-hund/

16 Die neue Tierschutzhundeverordnung, die von 2022 an in Kraft tritt, verbietet die Anbindehaltung von Hunden https://www.bmel.de/SharedDocs/Meldungen/DE/Presse/2020/200817-tierschutzhunde verordnung.html

17 https://friederikeschmitz.de/vegane-hundeernaehrung-die-armen-tiere/

18 https://albert-schweitzer-stiftung.de/aktuell/schlachtzahlen-2020

19 https://www.vier-pfoten.at/kampagnen-themen/themen/nutztiere/qualzucht-bei-nutztieren

20 Heinrich-Böll-Stiftung, Bund für Umwelt und Naturschutz Deutschland (Hrsg.): *Fleischatlas 2021 – Daten und Fakten über Tiere als Nahrungsmittel.* Berlin 2021

21 Antwort der Bundesregierung auf die Kleine Anfrage der Abgeordneten Bärbel Höhn, Friedrich Ostendorff, Undine Kurth (Quedlinburg), weiterer Abgeordneter und der Fraktion Bündnis 90/Die Grünen Drucksache 17/9824 – Tierschutz bei der Tötung von Schlachttieren https://dserver.bundestag.de/btd/17/100/1710021.pdf

22 https://www.peta.de/themen/bio-fleisch-gute-haltung/

23 https://albert-schweitzer-stiftung.de/aktuell/kleine-schlachthoefe-fehlbetaeubungen

24 Jens Bülte, *Zur faktischen Straflosigkeit institutionalisierter Agrarkriminalität* in: Goltdammer's Archiv für Strafrecht: GA, Band 165, Heidelberg 2018, S. 35 ff; https://www.jura.uni-mannheim.de/media/Lehrstuehle/jura/Buelte/Dokumente/Veroeffentlichungen/Buelte__Zur_faktischen_Straflosigkeit_institutionalisierter_Agrarkriminalitaet__GA_2018__35-56.pdf

25 Antwort der Bundesregierung auf die Kleine Anfrage der Abgeordneten Carina Konrad, Dr. Gero Clemens Hocker, Frank Sitta, weiterer Abgeordneter und der Fraktion der FDP Drucksache 19/2820 – Vollzug von Tier- und Verbraucherschutzrecht https://dserver.bundestag.de/btd/19/031/1903195.pdf

26 Bündnis gemeinsam gegen die Tierindustrie (Hrsg.), *Milliarden für die Tierindustrie. Wie der Staat öffentliche Gelder in eine zerstörerische Branche leitet*, Berlin 2021; https://gemeinsam-gegen-die-tierindustrie.org/wp-content/uploads/2021/03/Studie-Milliarden-Tierindustrie-GgdT-2021.pdf

27 Heinrich-Böll-Stiftung, Bund für Umwelt und Naturschutz Deutschland (Hrsg.): *Fleischatlas 2021 – Daten und Fakten über Tiere als Nahrungsmittel.* Berlin 2021

28 Thilo Hagendorff, *Was sich am Fleisch entscheidet*, 2021, S. 63 f

29 https://www.weltagrarbericht.de/themen-des-weltagrarberichts/fleisch-und-futtermittel.html https://www.boell.de/de/2021/11/12/co2-emissionen-unserer-fleischproduktion

30 Yuval Noah Harari Industrial farming is one of the worst crimes in history, The Guardian 25. September 205 https://www.theguardian.com/books/2015/sep/25/industrial-farming-one-worst-crimes-history-ethical-question

31 Yinon M. Baron, Rob Phillips, Ron Milo, *The biomass distribution on Earth*, Pasadena/Rehovot 2019 https://www.pnas.org/content/115/25/650

32 https://www.vier-pfoten.de/kampagnen-themen/themen/ernaehrung/tierschutz-und-ernaehrung

33 Heinrich-Böll-Stiftung, Bund für Umwelt und Naturschutz Deutschland (Hrsg.): *Fleischatlas 2021 – Daten und Fakten über Tiere als Nahrungsmittel.* Berlin 2021

34 https://www.globalwitness.org/en/campaigns/environmental-activists/defending-tomorrow/

35 https://www.bmbf.de/bmbf/shareddocs/interviews/de/schuetzt-arten vielfalt-vor-epidemien.html

36 Robert G. Wallace et al, *Did Ebola Emerge in West Africa by a Policy-Driven Phase Change in Agroecology? Ebola's Social Context*, Environment and Planning A, Volume 46, 2014; https://journals.sagepub.com/doi/10.1068/a4712com

37 Interview mit Rob Wallace in https://www.marx21.de/coronavirus-gefahren-ursachen-loesungen/

38 Bundesministerium für Landwirtschaft und Ernährung (Hrsg.) *Deutschland, wie es ist. Der BMEL-Ernährungsreport 2021*, Berlin 2021, S. 22; https://www.bmel.de/SharedDocs/Downloads/DE/Broschueren/ernaehrungsreport-2021.pdf?__blob=publicationFile&v=5

39 Corine Pelluchon, *Manifest für die Tiere*, Aus dem Französischen von Michael Bischoff, München 2020, S. 16

40 https://www.deutschlandfunkkultur.de/mensch-und-tier-warum-wir-manche-tiere-streicheln-und-100.html

41 https://www.spiegel.de/geschichte/union-stock-yards-in-chicago-die-wiege-der-fleischindustrie-a-e9b70156-46d8-418e-90e2-e3c9c325d179

42 Kathrin Hartmann, *400 Schwein/Stunde,* Reportage in *Neon*, November 2007

43 Thilo Hagendorff, *Was sich am Fleisch entscheidet*, 2021S. 14

44 https://www.tierschutzbund.de/information/hintergrund/landwirtschaft/kaninchenmast/

45 Eine sehenswerter Dokumentarfilm dazu ist *Lachsfieber: Wie der WWF das Sterben der Meere unterstützt* von Wilfried Huismann und Arnold Schumann (2010): https://www.youtube.com/watch?v=kD6uTn_mIeg

46 https://www.oeko.de/publikationen/p-details/landwirtschaft-auf-dem-weg-zum-klimaziel

47 Kathrin Hartmann, »Bei uns geht es um Leben und Tod«, Interview mit Ralph Rückert, Dogs 4/2021

48 Jonathan Stockman et al, *Evaluation of recipes of home-prepared maintenance diets for dogs.* In: *Journal of the American Veterinary Medical Association.* Band 242, Nummer 11, Juni 2013; https://avmajournals.avma.org/view/journals/javma/242/11/javma.242.11.1500.xml

49 Natalie Dillitzer et al, *Intake of minerals, trace elements, and vitamins in bone and raw food rations in adult dogs,*Br J Nutr 106, https://pubmed.ncbi.nlm.nih.gov/22005436/

50 Die American Veterinary Medical Association, die American Animal Hospital Association und die Canadian Veterinary Medical Association die Rohfütterung ab. Auch die British Veterinary Association rät seit dem Jahr 2006 vom Füttern rohen Fleisches an Haustiere ab, nicht zuletzt aufgrund von Gesundheitsgefahren für das Tier. Die Centers

for Disease Control and Prevention und die Public Health Agency of Canada ebenfalls. Quellen via https://de.wikipedia.org/wiki/Barf#cite_note-23

51 https://www.media.uzh.ch/de/medienmitteilungen/2019/Barfen-Futter.html#

52 https://www.tierklinik-oberhaching.de/blog/gesundheit/barfen-natuerlich-artgerecht/

53 https://www.wolfsblut.com/

54 https://www.handelszeitung.ch/unternehmen/nestle-noch-mehr-ps-beim-tierfutter

55 https://tiernahrung.peta.de/hintergrundinformationen

56 https://www.wiwo.de/unternehmen/handel/beneful-hundefutter-nestle-tochter-soll-hunde-vergiftet-haben/11430038.html

57 https://www.seattletimes.com/seattle-news/reports-of-illness-tied-to-pet-jerky-treats-drop-sharply-fda-says/

58 https://deu.mars.com/news-stories/articles/hand-hand-mit-dem-deutschen-tierschutzbund?language_content_entity=de

59 https://www.wir-sind-tierarzt.de/2017/01/mega-deal-mars-uebernimmt-us-tierklinikkette-vca-fuer-91-milliarden-dollar/ https://www.spiegel.de/wissenschaft/tiermedizin-kommt-ein-hund-zum-sehtest-a-00000000-0002-0001-0000-000161350451

60 Was tatsächlich im Hundefutter ist, darüber berichtet das Heft *test* in der Ausgabe 6/2019
Test https://www.test.de/Nassfutter-Hund-Test-4817396-5494876/

61 https://www.welt.de/print/wams/wirtschaft/article155359322/Hunde-wuerden-es-nicht-kaufen.html

62 https://www.deutsche-startups.de/2017/04/06/nestle-exit-erzuernt-die-terra-canis-kunden/

63 https://www.stern.de/wirtschaft/news/kosmetikbranche-l-or%C3%A9al-schluckt-das-gute-gewissen-3497366.html

64 https://www.terracanis.com/hundefutter/save-the-planet/

65 https://www.bmel.de/DE/themen/tiere/tiergesundheit/tierische-nebenprodukte/tierische-nebenprodukte-kategorie.html

66 https://www.terracanis.com/ueber-terra-canis/metzgermeister/

67 https://www.tierschutzbund-zuerich.ch/projekte/pferdefleisch importe

68 https://www.duunddastier.de/ausgabe/kaenguru/?issue=5541&y=2018

69 https://www.futtermedicus.de/warum-ist-kaenguru-aus

70 Hochrechnung des Vereins Tierhilfe Hoffnung

71 https://tieraerztepool.de/tierheime-toeten-dezember-2016

72 Kathrin Hartmann, *Aus kontrolliertem Raubbau. Wie Politik und Wirtschaft das Klima anheizen, Natur vernichten und Armut produzieren*, München 2015

73 Kathrin Hartmann, *Wir müssen leider draußen bleiben. Die neue Armut in der Konsumgesellschaft*, München 2012

74 https://www.tasso.net/Tierschutz/Tierschutz-Ausland/Rumaenien/Strassenhunde-und-Hundefaenger

75 https://www.geo.de/natur/tierwelt/1621-rtkl-rumaenien-chronik-der-eskalation

76 Zu sehen im Dokumentarfilm »Hundeleben« von Susanne Fink https://www.youtube.com/watch?v=2Em7b6_eCnw

77 VIER PFOTEN hat den Überfall auf Video dokumentiert https://www.youtube.com/playlist?list=PL385cXyOUGFeQaTBvDbI9aOer_hP6Ws4J https://mapofhope.info/2014/03/24/massaker-in-vier-pfoten-klinik/

78 https://www.avocatura.com/ll1275-legea-258-2013-aprobarea-programului-de-gestionare-a-cainilor-fara-stapan.html

79 Berechnung vom Deutschen Tierschutzbund und der Tierhilfe Hoffnung

80 Schweizer Tierschutz STS (Hrsg.), *Hundeimportland Schweiz. Geschäftemacherei, Profitgier, Kriminalität*, Basel 2018, S. 4F; http://www.tierschutz.com/hunde/import/pdf/hundeimportland_schweiz.pdf

81 https://rm.coe.int/CoERMPublicCommonSearchServices/DisplayDCTMContent?documentId=090000168007a699

82 https://www.oie.int/fileadmin/Home/eng/Internationa_Standard_Setting/docs/pdf/A_TAHSC_Sept_2009_Part_A_b_.pdf

83 https://www.deutsches-tieraerzteblatt.de/fileadmin/resources/Bilder/DTBL_12_2018/PDFs/Gewalt_Gegen_Haustiere_DTBL_12_2018.pdf

84 https://thelinksgroup.org.uk/about-us

85 https://nationallinkcoalition.org/wp-content/uploads/2018/07/Terrorism-DHS-FBI-NCTC-Toolbox.pdf

86 Zu sehen im Dokumentarfilm *Hundeleben* von Susanne Fink https://www.youtube.com/watch?v=2Em7b6_eCnw

87 https://qualzucht-datenbank.eu/2021/08/21/merkblatt-hund-haarkleid/

88 https://www.gesetze-im-internet.de/tierschg/__11b.html

89 https://www.bmel.de/SharedDocs/Downloads/DE/_Tiere/Tierschutz/Gutachten-Leitlinien/Qualzucht.pdf;jsessionid=9FA-C36740656A147B5824B2917216FF9.live922?__blob=publicationFile&v=2

90 https://qualzucht-datenbank.eu/rechtliches-qualzucht/

91 https://www.fecava.org/news-and-events/news/dutch-prohibition-of-the-breeding-of-dogs-with-too-short-muzzles/#:~:text=The%20Dutch%20government%20accepted%20the,head%20are%20allowed%20to%20breed

92 https://vimeo.com/97599998

93 http://pedigreedogsexposed.blogspot.com/2021/05/chihuahuas-shocking-new-research-finds.html

94 https://www.vdh.de/ueber-den-vdh/wir-ueber-uns/

95 Achim Gruber, *Das Kuscheltierdrama. Ein Tierpathologe über das stille Leiden der Haustiere*, München 2019, S. 263

96 https://www.peta.de/themen/qualzucht/

97 Achim Gruber, *Das Kuscheltierdrama. Ein Tierpathologe über das stille Leiden der Haustiere*, München 2019, S. 263, S. 197

98 Achim Gruber, *Das Kuscheltierdrama. Ein Tierpathologe über das stille Leiden der Haustiere*, München 2019, S. 263, S. 234

99 Frauke S. Roedler, Sabine Pohl, Gerhard U. Oechtering, *How does severe brachycephaly affect dog's lives? Results of a structured preoperative owner questionnaire*, Leipzig 2012, https://pubmed.ncbi.nlm.nih.gov/24176279/

100 Gruber S. 211

101 https://www.tasso.net/Presse/Pressemitteilungen/2021/der-mischling-hat-die-nase-vorne

102 Rowena Packer et. al., *Great expectations, inconvenient truths, and the paradoxes of the dog-owner relationship for owners of brachycephalic dogs*, London 2019; https://www.rvc.ac.uk/research/research-centres-and-facilities/rvc-animal-welfare-science-and-ethics/news/love-is-blind-

many-owners-of-short-muzzled-dogs-are-strongly-bonded-to-their-pets-but-unaware-of-health-problems

103 Rowena Packer et. al., *Come for the looks, stay for the personality? A mixed methods investigation of reacquisition and owner recommen dation of Bulldogs, French Bulldogs and Pugs*, London 2020; https://journals.plos.org/plosone/article?id=10.1371/journal.pone.0237276

104 https://qualzucht-datenbank.eu/wp-content/uploads/2021/10/Ergaenzungsgutachten-Cirsovius-30.09.2021.pdf

105 Gerhard Oechtering, Wenn Menschen Tiere verformen. Ein Ruf nach mehr Qualitätskontrolle in der Hundezucht, *Deutsche Tierärzteblatt* 1/2013; https://www.tieraerztekammer-berlin.de/images/qualzucht/DTBl_01_2013_Brachyzephalie-Oechtering.pdf

106 Peter Friedrich, »Zehn Dilemmata brachyzephaler Hunderassen. Eine Standortbestimmung«, Dortmund 2019 https://www.vdh.de/fileadmin/media/news/2019/Friedrich-Artikel.pdf

107 Achim Gruber, *Das Kuscheltierdrama. Ein Tierpathologe über das stille Leiden der Haustiere* S. 213

108 Verena Marlene Martin, *Aussagekraft eines Belastungstests für Möpse bezüglich mit dem brachyzephalen Atemnotsyndrom assoziierter Probleme*, München 2012; https://edoc.ub.uni-muenchen.de/14704/1/Martin_Verena_Marlene.pdf

109 https://www.gkf-bonn.de/tl_files/gkf_downloads/Berichte/gkf49-np-fitnesstest-gp.pdf

110 https://www.vdh.de/pressemitteilung/artikel/neuer-fitnesstest-fuer-moepse/

111 https://www.vdh.de/fileadmin/media/news/2019/GKF_Flyer-Mops-20190628.pdf

112 https://www.vdh.de/pressemitteilung/artikel/brachycephale-hunderassen/

113 Christoph Jung, Schwarzbuch Hund. Die Menschen und ihr bester Freund, Norderstedt 2010; S. 108

114 John Bradshaw, *Hundeverstand*, Nerdlen/Daun 2012, S. 251 ff

115 Dan G. O'Neill, Alex Gough et. al., *Miniature Schnauzers under primary veterinary care in the UK in 2013: demography, mortality and disorders*, London 2013; https://www.rvc.ac.uk/vetcompass/news/miniature-schnauzer-one-of-the-most-average-dogs-in-the-uk-according-to-new-research

116 https://www.tasso.net/Presse/Pressemitteilungen/2021/der-mischling-hat-die-nase-vorne

117 https://www.vdh.de/ueber-den-vdh/welpenstatistik/

IV. KOMM, SÜSSER TOD

118 Lukas Novotny, How to Fight Puppy Mills: *Toughening the Sentences for Animal Abuse in the Post-Communist Region, Ústí nad Labem 2020; https://*www.researchgate.net/publication/342105439_How_to_Fight_Puppy_Mills_Toughening_the_Sentences_for_Animal_Abuse_in_the_Post-Communist_Region

119 https://www.wuehltischwelpen.de/_assets/media/Welpenhandel-in-Europa_mit-Banderole.pdf

120 https://media.4-paws.org/6/6/5/7/6657476c34419ac3b4a-9646b096e91e080359923/VIER%20PFOTEN_IllegalerWelpenhandel_Hintergr%C3%BCnde_2020.pdf

121 https://www.tierschutzbund.de/fileadmin/user_upload/Downloads/Hintergrundinformationen/Heimtiere/Illegaler_Heimtierhandel_in_Deutschland_2020.pdf

122 https://www.peta.de/neuigkeiten/onlinehandel-hunde-2021/

123 https://www.vier-pfoten.de/unseregeschichten/publikationen/repraesentative-vier-pfoten-umfrage-zum-illegalen-welpenhandel

124 https://www.vier-pfoten.de/unseregeschichten/presse/q3-2017/illegaler-welpenhandel

125 SWR Marktcheck (Juni 2017) »Welpenhandel: wie mit kleinen Hunden Kasse gemacht wird.« https://www.youtube.com/watch?v=8lUnAR28J9U&t=300s

126 Kirsten Tönnies kritisiert strukturelle Probleme in der Tierärzteschaft und insbesondere bei den Verbänden und Behörden. So etwa in ihrem Aufsatz »Wie Tierärzte Tiere verraten« in: Walter Neussel (Hrsg.), *Verantwortbare Landwirtschaft statt Qualzucht und Qualhaltung. Was warum schief läuft und wie wir es besser machen können*, München 2021, S. 182

127 https://www.weser-kurier.de/bremen/tollwut-alarm-in-bremen-gesundheitsbehoerde-richtet-krisenteams-ein-doc7hit3qjg7n7viyys7ye

128 https://www.br.de/nachrichten/bayern/schmuggel-welpen-in-nuernberg-behandlung-kostet-110-000-euro,SV8WAOI

V. DAS MÄRCHEN VOM BÖSEN WOLF

129 https://www.spd.de/fileadmin/Dokumente/Koalitionsvertrag/Koalitionsvertrag_2021-2025.pdf S. 43f

130 https://www.wolfscience.at/de/wsc-forschung/

131 Rudolf Schenkel, Ausdrucks-Studien an Wölfen: Gefangenschafts-Beobachtungen, Basel 1947; https://chwolf.org/assets/documents/woelfe-kennenlernen/Int-Publikationen/Ausdrucksstudien-an-woelfen_R-Schenkel_1947.pdf

132 Kurt Kotrschal, *Hund und Mensch. Das Geheimnis unserer Seelenverwandtschaft*, München 2020, S. 115

133 Kurt Kotrschal, *Hund und Mensch. Das Geheimnis unserer Seelenverwandtschaft*, München 2020, S. 14

134 Pat Shipman, *The Invaders. How Humans and Their Dogs Drove Neanderthals to Extinction*, Massachusetts 2015

VI. DIE GESCHÄFTCHENFÜHRER

135 Mehr zur Entstehungsgeschichte des Hundes siehe Kurt Kotrschal, *Hund und Mensch. Das Geheimnis unserer Seelenverwandtschaft*, München 2020, S. 151 ff

136 https://www.haz.de/Hannover/Aus-der-Stadt/Uebersicht/Stadt-baendigt-den-Hundefluesterer-Cesar-Millan-in-Hannover

137 Kurt Kotrschal, *Hund und Mensch. Das Geheimnis unserer Seelenverwandtschaft*, München 2020, S. 14, S. 135 f

138 https://www1.wdr.de/stichtag/stichtag4172.html

139 Jan Mohnhaupt, *Tiere im Nationalsozialismus*, München 2020, S. 44

140 John Bradshaw, *Hundeverstand*, Nerdlen/Daun 2012, S. 109

141 An dieser Stelle ein expliziter Buchtipp: in ihrem Bildband *Emotionen bei Hunden sehen lernen: eine Blickschule*, Nerdlen/Daun 2020, haben Katja Krauß und Gabi Maue auf mehr als 1300 Fotos die Körpersprache von Hunden in Alltagssituationen festgehalten. Sie zeigen, wie Hunde aussehen, wenn sie traurig, wütend, ängstlich sind, und wie sie dies kommunizieren. https://www.hundebuchshop.com/Krauss-Katja-Maue-Gabi-Emotionen-bei-Hunden-sehen-lernen.htm

142 Die Hundetrainerin Maria Rehberger, die (wie Isabel Boergen) ausschließlich gewaltfreu und belohnungsbasiert arbeitet, beschreibt in ihrem Buch *Hunde achtsam führen,* Bernau 2021, wie strafbasiertes Training funktioniert und warum sie es ablehnt. S. 115 f.

SCHLUSSWORT

143 Kim Maya Yavor , Annekatrin Lehmann und Matthias Finkbeiner (TU Berlin); Environmental Impacts of a Pet Dog: An LCA Case Study: Siehe auch: https://www.tu.berlin/ueber-die-tu-berlin/profil/presse mitteilungen-nachrichten/2020/august/oekobilanz-eines-hundes/

144 Donna Haraway, *Manifest für Gefährten. Wenn Spezies sich begegnen – Hunde Menschen und signifikante Andersartigkeit*, Berlin 2016, S. 8

145 Sue Donaldson, Will Kymlicka, *Zoopolis. Eine politische Theorie der Tierrechte*, Berlin 20123

146 Pelluchon, *Manifest für die Tiere*, Aus dem Französischen von Michael Bischoff, München 2020,S. 19

147 Richard H. Schwartz hat hier eine Reihe von Belegen gesammelt, die den Mythos, Hitler sei Vegetarier gewesen, widerlegen: https://www.jewishveg.org/schwartz/revHitler.html

148 Theodor W. Adorno, *Minima Moralia.* Reflexionen aus dem beschädigten Leben, Berlin 1951, S. 133

149 Marc Bekoff, *Feldstudien auf der Hundewiese*, Nerdlen 2018, S. 226

Personenregister